二十几岁女孩的智慧书

好命女人的全新秘密图书

ZUOGE HAOMING DE
nüren

# 做个好命的女人

二十几岁女孩的智慧书

刘丽 ◎ 编著

天津科学技术出版社

图书在版编目(CIP)数据

做个好命的女人:二十几岁女孩的智慧书/刘丽编著.– 天津:天津科学技术出版社,2010.1
ISBN 978-7-5308-5487-7

Ⅰ.①做… Ⅱ.①刘… Ⅲ.①女性 – 修养 – 青年读物 Ⅳ.①B825-49

中国版本图书馆 CIP 数据核字(2009)第 240295 号

---

责任编辑:张 萍
责任印制:白彦生

---

天津科学技术出版社出版
出版人:蔡 颢
天津市西康路 35 号　邮编 300051
电话(022)23332398(事业部)23332697(发行)
网址:www.tjkjcbs.com.cn
新华书店经销
北京中印联印务有限公司印刷

---

开本 710×1000 1/16 印张 16 字数 198 000
2010 年 4 月第 1 版第 1 次印刷
定价:29.80 元

# 前　言

对于二十几岁的女孩来说，青春已经经不起蹉跎。二十几岁的女孩，努力工作才能保障幸福；二十几岁的女孩，形象的好坏决定着成败；二十几岁的女孩，需要趁着年轻搭建人脉；二十几岁的女孩，在爱情面前需要慎重选择终身；二十几岁的女孩，学会理财才能享有丰饶的人生。一旦过了二十几岁，年轻、美貌、工作、朋友、爱情、财富……所有一切都将变得越来越遥远。

二十几岁正是女孩人生的十字路口。和十几岁的时候不同，二十几岁的人生舞台已经不再是排练，而是真正的表演。二十几岁才是人生选择的最佳时期，到了三十岁，事业、婚姻、生活态度等这一切都已经定型，很难去改变。

二十几岁的女孩，你们有没有意识到，你自己是一个无可替代的人。你无须费尽心思去取悦男人，不必为生活窘迫而怨天尤人，不必因为不够聪明而自卑，更不该望镜兴叹"长得愧对观众"。其实，上苍给你的已经足够，剩下的就要靠你自己去运用。你的眼睛，你的嘴巴，你的智慧，你的个性，就是你创造幸福的原始资本。

二十几岁的女孩子究竟该如何开始人生，思考和计划未来？在这个黄金年龄，你要趁早抓住自己年轻的资本，及早认识世界，学会融入社会，彰显自己的青春年华，为自己以后的人生早做安排。

作为女人，要想幸福一生，就要独立，不依赖于男人；作为年轻女孩，要想未来的日子美满如意，就要未雨绸缪，及早准备；作为现代人，

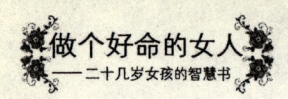

要想活得潇洒,赢得漂亮,就要参与竞争,不断学习。

　　本书是聪明女孩人手一本的智慧读物,是最现实的人生哲学、最受用的处世良方。青春易逝,容颜易老。女孩们不要稀里糊涂地度过二十几岁的美好时光,让小情小爱成为生活的主旋律。女孩们要让自己懂得多一点,才能在今后的日子里,为自己赢得相对从容的生活;女孩们要尽早学得现实一点,寻找到好命一辈子的方式,不要等到人老珠黄后才翻然醒悟,泪水涟涟。

　　《做个好命的女人》一书会给你全新的感受,让你在轻松舒适之中,品味其中的精华。作为一本专为二十几岁女孩打造的青春励志宝典,本书没有空洞严肃的说教、没有长篇累牍的赘述,有的只是一针见血的见解、轻松愉悦的表述、机智幽默的点评、鼓舞人心的励志话语,这一切犹如一杯清茶,又似浓香咖啡,令你在闲暇之时或每日睡前,无论是随意浏览,抑或细细品味,皆能让你赏心悦目,开卷有益。

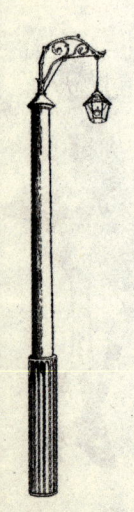

## 第一章 好命女人的处世智慧

不管是天生丽质还是人造美女,女人的脚下并不都是铺满鲜花的坦途。历史上、现实中多少有着沉鱼落雁、闭月羞花之貌的女人,已上演了或正在上演着一幕幕人生悲剧。"自古红颜多薄命",虽然有点夸张,可这些悲剧产生的原因常常与女人的人生态度、处世方式密切相关。因此,女人要想使自己的人生更亮丽、更充实、更有意义,就必须在做人与处世上下一番工夫。

二十几岁的女孩不做梦/2

丑女无敌/5

美女也愁人/9

让难相处的人喜欢你的处方/13

年轻女孩会遇到的四种人/17

独处是一个人的狂喜/21

女孩处世智慧/24

"人脉存折"——存的是情,取的是钱/29

# 第二章　好命女人的魅力智慧

魅力到底是什么？并不是每个女人都能说清楚。是"千呼万唤始出来，犹抱琵琶半遮面"的娇羞？是"在天愿作比翼鸟，在地愿为连理枝"的一片痴心？是蒙娜丽莎的微笑？还是玛丽莲·梦露迷人的神韵？一个聪明的女人，应该知道如何通过展现自己各方面的优点，来构成一个有魅力的整体，从而使自己的魅力指数更高。虽然这是一种很难达到的能力，但只要努力提升自己、完善自己，就能让心理永远年轻，让风韵永存，让魅力永远光彩照人。

做个独立的女孩/34
淑女、熟女，不如书女/37
天"声"丽质难自弃/41
闻香识女人/43
时尚就是比普通人的生活快半步/46
虽然我很丑，但我很温柔/50
有修养的女人不被"休"/54
个性决定女人的一生/59

# 第三章　好命女人感悟男人

男人脆弱的时候，需要你扮演"母亲"；男人迷茫的时候，需要你做他的好朋友；男人激情澎湃的时候，需要你做好他的情人；男人坚强的时候，需要你变身为他的乖女儿……世界上有很多不值得你珍惜的东西，其一就是坏男人！聪明的女人应该知道不要把眼泪浪费在坏男人身上，也不要花时间试图改变坏男人。男人心理学，是每个女孩的幸福必修课！

# 目录

就算是 believe，中间也藏着一个 lie /64

男人心底的女性化心理需求 /69

男人恋爱心理大曝光 /72

男人眼中的完美女人 /78

男人渴望女人做的十件事 /82

男人的征服欲 /86

不在沉默中爆发，就在沉默中吵架 /89

男人是永远长不大的孩子 /94

## 第四章　好命女人的恋爱智慧

女孩们在感叹：好男人越来越少了，就像人家说的十个男人九个坏。其实，恋爱就是一场战斗，不过是两个人的战斗，出招、接招、再出招、再接招，反反复复。的确如此，而我们要做的，就是立志打赢这场战斗，以最漂亮的手段征服男人。既然是战斗，那么总是需要武器和战术的。那请看本章中为女孩们准备的武器和战术，让你变成聪明的恋爱女王。

人生三难题：思，相思，单相思 /100

主动的女孩更令人心动 /103

爱情，不需要用"献身"来证明 /107

放得下的是曾经，放不下的是记忆 /109

金钱买不来爱情，爱情也不能替代金钱 /114

"小三"不好做 /118

不为爱情而迷失 /122

男人认为是调情，女人以为是感情 /125

聪明女孩必须远离的男人排行榜 /130

女孩恋爱禁区 /135

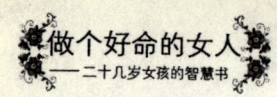

# 第五章 好命女人的婚嫁智慧

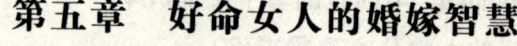

　　每个女孩都渴望能遇到一个白马王子，完成一段美丽的爱情，成就一个甜美的家庭。但这些单身女孩在渴望婚姻的同时，却又忘不了自己的结婚宗旨：嫁人重要，但嫁得好更重要！

　　嫁得好固然重要，但单身的女孩们是否考虑过，就在她们盲目等待嫁得好的机会时，青春也在慢慢流逝，而周遭的好男人也一个个地被其他女孩俘虏了，最后自己落得形单影只、孤家寡人。女孩一旦过了25岁，每长一岁，围绕在身边的男人就少了1/2。这说明什么？年轻，是女孩挑选男人的最大资本之一。

**不要相信"完美好男人"的神话/142**

**为什么嫁人要趁早/145**

**80后女孩的重要任务是制造08后/148**

**单身女孩营销手册/152**

**拿什么拒绝你，爱我的男人/156**

**闪婚到底闪了谁/160**

**凭什么让男人对你钟爱一生/163**

**嫁人就嫁灰太狼/166**

**不做剩女/171**

# 目录

## 第六章 好命女人的职场智慧

办公室说白了就是一片"什么鸟都有的林子",因此熟悉这片"林子"的人常说,"办公室里是非多",表面上看起来风平浪静,但是暗里争斗却异常凶猛。生活在办公室的潜规则下,女孩们务必小心翼翼,深谙办公室独善其身之道。只要你懂得办公室里这些是是非非的潜规则,自身便是"百炼金刚",即使修不来职场中的"不死之身",至少在遭遇突发事变时也可自保。

让HR对你一见钟情/178
女孩有"钱途"的职业/182
戏说"性骚扰"/186
潜伏在办公室/189
职场有"雷区",小心被"雷"到/192
恶魔上司在身边/197
初入职场如何成为"白骨精"/201
山寨版工作狂——"装忙族"/205
职场减压新法/208

## 第七章 好命女人的理财智慧

女人要自立,不能有"靠"的念头,因为"靠山山倒,靠人人跑",只有靠自己最好。一个女人只有经济上独立了,才能在生活中获得心理上的安宁。

一个人一生的收入来源于两个方面:一方面是工作收入,另一方面是理财收入。古人云:"君

5

子爱财，取之有道。"君子爱财，更应治之有道。这里说的"取"就是赚钱，"治"就是理财。一个人赚钱能力再强，如果不会理财，到了晚年还是会落得两手空空，为衣食发愁。

懂经济的女孩更幸福/213
谈钱不伤感情，谈感情最伤钱/216
低薪白领女孩如何做"财女"/220
财务独立才是真正的独立/223
只为赚钱找方法，不为没钱找理由/227
不做"月光仙子"的"月光族"/230
嫁个有钱人，不如让自己有钱/234
投资自己"不差钱"/238
附录　女人一生必读的60本书/242

## 第一章
# 好命女人的处世智慧

不管是天生丽质还是人造美女,女人的脚下并不都是铺满鲜花的坦途。历史上、现实中多少有着沉鱼落雁、闭月羞花之貌的女人,已上演了或正在上演着一幕幕人生悲剧。"自古红颜多薄命",虽然有点夸张,可这些悲剧产生的原因常常与女人的人生态度、处世方式密切相关。因此,女人要想使自己的人生更亮丽、更充实、更有意义,就必须在做人与处世上下一番工夫。

 ## 二十几岁的女孩不做梦

> 每个女孩都有梦,梦想有王子,梦想有房子,梦想有车子,梦想有票子。而有的女孩的梦很简单,和家人快乐地过一辈子,和爱她的人一起看日出日落,慢慢老去……

不经意间,你发现自己已经二十几岁了,在面对生活中的种种烦恼后,你开始怀念曾经的你。二十几岁前,父母宠爱着你,身边的人呵护着你,你想哭便会有人哄,你要闹就有人挺身而出当你的出气筒。生活上你无拘无束,有人会为你摆平一切;精神上你自由自在,在日记本里宣泄自己隐秘的激情,满脑子想着骑着白马的王子,浪漫的邂逅,然后在远离尘嚣的地方共同开创只属于你们两个人的幸福生活。

从不谙世事的小女生变成二十几岁的女孩后,你可以穿没有最短只有更短的衣服,你可以光

明正大地去恋爱,甚至去横刀夺爱,你可以骄傲地用自己赚来的钱来养活自己再加上一条好吃懒做的狗。当你得到这些你曾没有的东西后,也就开始更多地感受到失落。你开始接触真正的社会,很多事情你要自己去做,好的坏的,真的假的,虚的实的,都要靠你自己去辨别、去应对。你相信同事会像同学一样相亲相爱;你相信上司会像老师一样对你悉心指导;你相信社会会像家庭一样温馨和谐;你相信会与一个人一见钟情并厮守一生。然而,有一天你发现你的"劳动奖章"被同事抢去挂在了她的胸前,你终于明白了,同事之间有的是钩心斗角;有一天你发现你的上司因为你犯的一个小错而对你进行人身攻击,你终于明白,上司原来没有那么绅士;有一天社会狠心地打磨你身上的棱角时,你终于明白,社会原来没有想象中那么美好;有一天你的王子弃你而去时,你终于明白,爱情有甜蜜也有哀伤。

一旦你与社会的游戏规则发生了冲突,你二十几岁前使用的全部伎俩立刻失效。一旦你受了委屈便大哭大叫,你希望用眼泪让伤害你的人向你忏悔,可遗憾的是你的眼泪只能换来他人的鄙夷。要是运气不好的话,还会招来某些心怀不轨之人的"安慰"。面对挫折,你可能会厌恶一切,想要逃避这令人绝望的现实,将自己封闭在编织的美梦里。

阿丽是家中唯一的女儿,从小父母就拿她当做掌上明珠,她在宠爱加溺爱的环境下长大。由于阿丽从小就聪明可爱,经常被人夸做"小公主",加之受到灰姑娘故事的感染,深深的公主情结便在她内心深处扎下了根。

成年后的阿丽更是相貌出众、落落大方,上大学后很快就成了众多痴男的追逐对象。鲜花、情书、邀约……铺天盖地地袭来。这等美事要发生在一般女孩身上早已心花怒放,并在众多追求者中选出"综合性价比"最高的男孩作为男友。但阿丽并非凡人,她是骄傲的公主,对这些凡夫俗子根本不屑一顾,在随后的几个月内,一个连的"战士"先后"阵亡"也没有攻下这座美丽的"城堡"。由于在校园内一个连的同志"牺牲"的噩耗盛传,也就再没有人有勇气去追求阿丽了。

大学四年,阿丽没有交一个男朋友,只是看着身边朋友恋得如火如茶,有时候她也会有点羡慕,独自品味其中的苦涩。于是,阿丽发愤

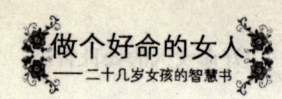

学习,希望用优异的成绩去圆自己的梦。四年时间很快就过去了,当要离开校门的那一刻,阿丽内心有点感伤,毕竟在众多追求者中有真正爱她的人,也有她感觉还不错的男孩,只可惜与自己梦中的白马王子还有很大差距。

毕业后的阿丽很快就找到了一份不错的工作,与同事和上司相处还算愉快,这与她的美貌多少有些关系。在一次接待大客户时,老板临时有急事,让阿丽代表他接待这位公司的大客户。酒过三巡菜过五味后,喝高兴了的客户见阿丽年轻漂亮,就起了挑逗之心,双手也渐渐不老实起来。在客户有更过分的举动后,气愤的阿丽狠狠地在客户的脸上留下了五个手指印。随后,恼羞成怒的客户就将他的调戏事件改造成阿丽殴打客户事件告诉了阿丽的老板,并宣告解除合作。于是,老板将阿丽叫到办公室,并脱去了其神圣的绅士外衣,对阿丽进行了泼妇式批评。"你装什么纯啊?有几分姿色,你就可以胡来啊?!"老板咆哮道。自知理亏的阿丽也没有辩解什么,最后哭着离开了办公室。平时团结友善的同事们,见到阿丽被老板训得如此狼狈,每个人都忙自己的工作,好像什么也没发生一样,只是有个姿色平平妒忌心强的女孩面露喜色。

下班后,阿丽一个人趴在办公桌上继续发泄她的委屈,但有一个人没有离开,而是试图安慰她。这个人是办公室的小主管,是阿丽的顶头上司,30出头,年轻有为,帅得掉渣,平日阿丽就对他感觉不错。就在主管轻声的安慰下,阿丽饱含着泪水的双眼与他四目相对,顿时眼前仿佛看到了梦想中的白马王子,脆弱的心灵找到了依靠。从那以后,两个人闪电一样地走到了一起,闪电一样突破了男女的最后防线,一不小心创造了新的生命。于是,一个自称是小主管老婆的女人神兵天降,一段感人至深的情感故事以悲剧收场。伤心绝望的阿丽辞掉工作,回到了父母的身边,赖在家里不出门,她只想好好做个梦,逃避现实中的一切。

醒来吧!女孩们!勇敢地面对现实吧!现实虽然有那么多的不完美,可社会就是如此的真实与残酷,只有在这样残酷的优胜劣汰的竞争中社会才会进步。

二十几岁,这是女孩一生中最美的年华,它如同每个人只有一次的初恋,珍惜了,你将缘定今生,一旦错过,今生注定要与幸福擦肩而过。所以,在这样的大好年华里,你要做的是珍惜这短暂而宝贵的青春,不要再把时间浪费在毫无意义的空想上,让幼稚的思想耗费掉青春的资本,等到人过三十时再幡然悔悟已经为时晚矣。

**哲思小语**

十几岁的小女孩爱做梦是因为童话看多了,二十几岁的女孩还做梦是因为偶像剧看多了。女孩喜欢一个人编织自己的梦,梦里有花、有草、有爱……有她认为美好的东西。她很小心很小心,因为梦是她的全部,但现实又是那么容易让梦破碎。只有不再做梦,才是女孩真正变得聪明的开始。

## 丑女无敌

丑女孩虽然走到哪儿都不太招人喜欢,姥姥不疼,舅舅不爱,但丑女孩脚下也不全是荆棘和陷阱,处理得好,麻雀依旧可以变凤凰,这一切关键看丑女孩以怎样的心态去处世。

丑非缺陷,虽然别人不待见咱们,可咱不能自己瞧不起自己。我们怎么了我们,不就仙女下凡时鼻子先着地吗?咱不也一个鼻子一张

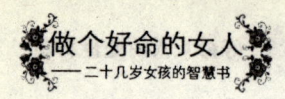

嘴,两只眼睛四条腿,差哪了!有些丑女孩破罐子破摔,想既然已经这样了,也就失去了"对镜贴花黄"的兴致,将有限的精力投入到无限的美食中去。她们喜欢将自己封闭起来,不愿意去结交朋友,怕自己的尊容得到的不是友情而是奚落。

其实,丑女孩一定要积极地处世,去结交值得你真心付出的人。要知道这个世界是美女的,同时也是丑女的,丑女也一样可以无敌。前一段热播的《丑女无敌》在社会上掀起了丑女热,不知道作为丑女的你,在林无敌身上有没有找到一些启示。

林无敌,工薪家庭背景,成绩优异、金融高才生、满腹经纶,但不时尚,穿衣没有品位,家教严,感情上一片空白……这一切都归功于林无敌奇丑无比的外表:爆炸头+大眼镜+龅牙+肥胖。

林无敌毕业后,一直找不到工作,原因就是她那丑陋的外表,最后误打误撞进入时尚界屈指可数的广告公司,并成为钻石王老五的贴身助理和秘书。面对风云变幻美女如云的时尚界,林无敌何去何从?

她的丑既来自长相,也来自笨拙的体态。可是无敌毫不做作,并能认识到自己的外貌是一个挑战而不是求人怜悯的借口。无敌最大的心理弱点是她涉世不深,为了亲情、友情、爱情,有时不能顾全大局,甚至被人利用,尤其在爱情方面没有信心。好在她有足够的自我感知,犯了错误能勇敢面对,碰到坏人也敢于还击。

林无敌虽然丑,但是她有一股不屈不挠的精神。研究生出身的她甘愿做一个小小的秘书,这是"大丈夫能屈能伸"的具体表现。林无敌初到公司处处遭到白眼,但她并不在意。她不仇视强者,却关心弱者,所以她很快同职场这个小社会中的基层人士——秘书、前台、司机们打得火热,并逐渐成为他们的依靠。对于刁难她的安茜和家明,林无敌并没有采取任何报复措施,一直想着终有一天他们会接受我;对于裴娜的"阴谋诡计",林无敌也没有"反唇相讥"。这就是"林无敌精神",这种精神让她显得那么可爱,让我们忘却了她外表上的丑陋。可爱的女人是美丽的,林无敌就是其中最美的一个。

那么,丑女应如何处世呢?

 **要有自知之明**

如果你是一位丑女,最为重要的一点就是要有自知之明,没有这点的话,绝对会让你活得很辛苦。你要知道自己的优缺点,随时随地告诫自己,即使你拥有智慧,也不可以急着表现出来,特别是在你身边有比你漂亮的女人的场合下。人们总是会先注意美女,即使被注意的美女是个花瓶,你也不能打碎它,你要做的就是潜伏在一旁默默地欣赏。你必须在适当的时候,也就是在美女发话之后,你才可以说话。你如果抢在美女前面说话,不管说的是什么,一定会让人反感,无形中你就起到了陪衬美女的作用,那样可惨喽。想一想,如果你没有莺声燕语,没有让人一听顿生怜爱之情的功力,那么听到你"嘈杂"声音的人马上会没了兴致,哪还有空理睬你的长篇大论!如果是美女,就算她说话声音犹如刀郎一般,她都会被原谅,哪怕是她说的你已经说过了,听众们也会意犹未尽。记住:美女永远是赏心悦目的,而丑女永远是被人忽略的。

所以,丑女要时刻记住自己是个配角,永远别把自己当成主角,要把自己当隐形人。当别人问到你的时候才说话,要时刻记住你的任务是烘托美女,在烘托过程中展现你独特的人格魅力,把配角作用发挥到极致。这样,所有的人都会舒服,包括你自己。其实,现实就是这样,太凸显自己的丑女通常活得都不自在,只能越发起到衬托别人的作用。

 **要有平常心**

丑女一定要有颗平常心,这是非常重要的。不能想着和别人争,要学会知足,知足才会常乐,常乐才能笑到最后。贪心是丑女的天敌,一个贪心的美女,总有男人会满足她的贪欲,一个贪心的丑女只遭人唾弃。当然,并不是说丑女就要无私地奉献一切。只是丑女的容貌已经承受了旁人的冷嘲热讽,再加上贪心的话,就永远没有翻身的机会。用平常心看世界,世界才会用不一样的眼光来看你。

丑女可以幻想理想中的爱情,但千万不要太过头。因为男人都是

爱美女的，他们所有的精力与财力都愿意毫无保留地投入美女的身上。但这不等于说丑女就没有机会，站在繁华的大街上你会发现一个有趣的现象，就是众多帅哥身边依偎的往往是丑女，而美女身旁总会跟着个让人大跌眼镜的丑男！

### 要自信

丑女需要有自信，但要适度，过头的自信会令人作呕。丑女的自信要建立在气质上，多多培养独特的气质才是正道，一个有内涵的丑女不但会被人接受，甚至会受人喜爱。丑女还要学会微笑，丑女没有资格摆出冰山一样的面孔，那是美女的专利。虽然上天没给你花容月貌，但你的微笑一样可以灿烂得像花儿一样。

### 要有兴趣爱好

丑女最好有兴趣爱好，这能让心灵提高层次，让你有种精神的寄托，才好随时保持平和的心态来面对外貌带给你的烦恼。丑女也需要自我怜惜，不过不要让别人瞧见，美女的梨花带雨惹人爱怜，丑女就会被认为是故作姿态，只会招来鄙夷的眼神。因此，丑女必须要以坚强的外表来处世。丑女处世虽然要比美女有难度，但这样能得到更多的锻炼机会，社会经验以及待人接物的态度也会有长足的进步，走的弯路虽然比美女多，可是风景也会看得更多。

**哲思小语**

丑女不要心理不平衡；不要埋怨老爸老妈；不用太埋怨男人和社会。保持心态平和，淡然处世，平静地活着，丑女也能享受到自己的小幸福。

## 美女也愁人

一般都用"丰乳肥臀""窈窕佳人""骨感美人""面若桃花"之类来表达对女人外貌的赞美,也就是说外貌成了评价是否是美女的唯一标准。目前随着时代的进步和社会的发展,人们对美女的定义也悄然发生了变化!目前对美女的定义多为"白领丽人""气质美女""知性美女",已经开始由过度看重外表转为重视后天修养。

美女在众多的场合常常会享受到比一般人更多的恭维和呵护。不过,漂亮女孩的脚下并不就是一条铺满鲜花的红地毯。历史与现实中多少有着沉鱼落雁、闭月羞花之貌的女子已上演了或正在上演着一幕幕人生悲剧。这些悲剧产生的原因常常与美女的人生态度、处世方式密切相关。因此,漂亮女孩要想使自己的人生更亮丽、更充实、更有意义,就必须在做人处世上下一番工夫。以下几种处世方法可供漂亮女孩们作为参考。

 **美貌非才能,不可因此而骄傲**

如果你拥有美貌却有傲气,那么说明你是平凡人;如果你拥有美貌并且随和,那么你真算得上仙女下凡。美貌会带来众多的鲜花与关注,在人们的奉承下美女很容易自以为鹤立鸡群,眼睛向上、瞧不起

人、冷若冰霜,那么她必将缺少朋友,处于孤立状态。只有尊敬他人,谦和大度,诚恳待人才可赢得人们的尊重。美貌是骄傲的本钱,但不是傲气的资本。

###  美貌非筹码,不可做交易

某女大学生因貌美被学校一教授看中,她为了达到念研究生的目的而欣然投入其怀抱。教授得到"便宜"后异常卖力,但研究生的名额居然被人顶了,教授无能为力,而那女孩则是悔之晚矣。可见,女孩如果把美貌当做资本并以此作为筹码来换取权势、金钱、荣誉等,这无异于与魔鬼立约,拿自己的人生做赌注,最终的结局也将是悲剧。

###  美貌非招牌,不可乱招摇

漂亮女孩的举止应庄重沉稳、温和娴静。美女的一切庸俗轻浮之举都是无法掩盖的,因为漂亮的女孩承载着众多熟悉的或陌生的目光,只要稍有差池就会将美丽大打折扣。美女好比宝石,只有在朴素背景的衬托下才能更突显其美丽。所以在打扮上不要追求艳丽华贵、盲目攀比,那样只能给人以庸俗浅薄之感。

###  美貌非万能,不可失自我

漂亮的女孩总是特别受人宠爱,恭维之声常不绝于耳,献殷勤者大有人在。这时,更要保持头脑清醒,不要发热。如果在一片赞美声中失去了自我,结果是捧得越高,摔得越痛。

###  美貌非野花,不可任人随意采摘或粗暴地践踏

漂亮的女孩其追求者有如滔滔江水绵延不绝,这时女孩需要炼就火眼金睛,分辨出哪些是真挚的赞颂、关怀、友善之情,哪些是贪婪、

猥琐、下流的情欲，从而区分君子与小人，确定交友范围。珍爱青春，远离色狼。

 **美貌难久存，才艺双修美丽方能永不衰退**

美貌难以长久，就像绚烂的烟火瞬间就会消失。如果过于注重美貌而放弃其他诸如美德的培养、知识的追求，这就本末倒置了。只有美的外形与美德相结合，才能打造出永不衰老的美丽神话。

一个雨天的下午，一个非常漂亮的女孩去找一位很出色的心理学家，因为据说他善于解除人们的痛苦。她被让进了心理学家的办公室。握手的时候，她冰凉的手让心理学家的心都寒了。他打量了她一下，她的眼神呆滞而绝望，说话的声音没有一点青春活力。她的身心都好像在向心理学家声明："我是无望的了，你不会有办法的。"

心理学家请她坐下，跟她谈话后，心里渐渐有了底。最后他对她说："姑娘，我会有办法的，但你得按我讲的去做。明天一早，你就去买两套新衣服，不过你不要自己挑，你只问店员，按她的主意买，因为你很需要听别人的意见。接着你理个发，你也不要自己挑发型，只问理发师，按她的主意办，因为听别人好心的建议总是能得到最好的结果。然后，星期六晚上，我家有个晚会，请你来参加……"

女孩摇了摇头，心理学家理解地点点头，问："你是说参加了晚会也不会愉快吧？""肯定愉快不了。""不过我是想请你来帮忙的。参加晚会的人不少，互相认识的却不多。你来了，可不能蜡像一样不动，等着别人上前跟你打招呼。相反，你得处处留心帮助别人。要是看见哪个年轻人孤孤单单，你就上前问好……""年轻人？问好？""对，上前向他问好，就说你代表我欢迎他。见一个欢迎一个。你的任务就是帮助我照料客人，明白了？"

女孩一脸惶恐不安。心理学家继续说："人都到齐时，你看看还能帮助客人做些什么。比如：要是太热了，就去开窗，谁还没咖啡，就端一杯。姑娘，你要帮我大忙呢！"

星期六这天，女孩发式得体，衣着素雅地来到晚会上。她按照心理

学家的吩咐尽职尽责,她忘了自己,只想着帮助别人。她眼神活泼,笑容可掬,成了晚会上大家都喜欢的人。散会时,同时有三个青年说要送她回家。一个星期又一个星期,一个月又一个月,这三个青年热烈地追求女孩,女孩最后选中了其中一位,让他给自己戴上了订婚戒指。不久,在婚礼上,有人对这位心理学家说:"你创造了奇迹。""算不上奇迹。"心理学家说,"这很简单,人不该老想着自己,怜悯自己,而应想着别人,体恤别人。女孩懂得了这个道理,所以变了。"

美女在生活中确实会遇到比普通女孩更多的麻烦,以至于周围的环境改变了美女的心境。同样,长相漂亮的职场女性,其职业能力常常处在一个尴尬的境地:当她们事业有成的时候,人们总是将成功归功于她们的容貌,她们的工作业绩在人们的眼里会因为长得美丽而大打折扣。

 **不要给人以爱"闹性子"的感觉**

在事情忙不过来的时候,人们通常都会闹情绪,女性更是如此。这其实是很不好的习惯,就因为"嗔怒",同事会认为你做事缺乏统筹安排甚至会怀疑你的工作能力。而美女务必要注意,即使工作再忙,也要注意说话的态度,不要让同事误认为你倚仗美丽而"爱闹别扭"。

 **降低说笑声调**

在办公室里,很多人都比较反感美女在说笑时发出尖叫和做出娇嗔状。因为他们会认为你是借此引起人们对你"美丽"的关注。

他们即使口头不说,内心也会看不起你。因此,职场美女应时常注意自己是否有这样或那样的不足,应努力做到"有则改之,无则加勉"。

 **不要给人以"花瓶"的印象**

美女的工作能力通常都会被打折扣,因此,作为职场美女的你除了适当地展现女性温柔的一面外,还要想方设法展示你理性、坚强的一面。特别要让你的男同事和上司明白,除了美丽,你还有聪明的大

脑和完全可以胜任工作的能力。

### 哲思小语

社会需要美女,而且无论是男人或是女人,都各有理由支持美女的存在。就男性角度而言:美女的出现使男人有了性幻想对象和完美无缺的爱情幻想的对象。就女人的角度而言:美女是她们不断完善自己的动力,是她们模仿的对象,美女的装扮、衣着、发型,都会在社会上掀起女性模仿潮流。

## 让难相处的人喜欢你的处方

难相处的人指的是你不能忍受的人,这些人不会做出你希望他们做的事,也可能做出你不希望他们做的事——而你不知道该拿他们怎么办!这时,你需要一点小秘方。

人的一生就是一个不断做出选择的过程。你可以选择那些你喜欢的人做朋友,但是在工作当中,你可能会和一些令你倒胃口的人一起共事。那些你不想和他们一起共事的人可能是下面这几种类型的人:他们以你的失败为乐;他们对你指手画脚,不让你有机会自己做出决定;他们在交谈当中打断你的话;他们不尊重别人和别人的观点;他们总是在背后说人坏话;他们即使对某件工作所做的贡献极少,也会设法从中牟利;他们很少说真话;他们在应该团结协作的时候与别人竞争。

下面这些策略可以帮助你对付上面那些人,让你在学会包容的同时让生活更轻松愉悦。尽管难相处的人有一定的缺点,但他们身上也会有一些闪光的优点。找到他们的优点,并把注意力集中到这些方面,你会收获更多的友谊。

  **给贪小便宜者以感化**

现实社会中,每个人都喜欢和那些开朗大方的人往来,而不愿意同贪小便宜的"铁公鸡"打交道。一般来说,贪小便宜者有两种:一种是受生活习惯影响;另一种是受生活观念支配。与不同心理状态的贪小便宜者相处,就要持不同的态度。

一些人贪小便宜的毛病是受社会环境(尤其家庭环境)的影响,而形成的一种生活习惯。这种人往往生活作风随意,自尊要求低,得过且过,不求上进。这种人,一般心地不坏,而且性格外向,毫无隐讳,容易深入了解。同这种贪小便宜者打交道,要注意正面批评,引导他们在学习上和工作上下工夫,以提高其理想层次。理想层次提高了,自尊的要求就会随之增长,贪小便宜的毛病便会相应地得到克服。

还有一种贪小便宜的人,他们的行为是受一定意识形态支配的,其贪小便宜的行为反映着其生活观念。这种人,往往具有比较特殊的生活阅历,在生活中受过磨难,价值观常常表现为以"自我"为中心。

同这类贪小便宜者打交道,采取一般化的说教方法是无法改变其观念的,应真诚地与之相处,用自己的博大胸怀去感化他们。在工作和生活中,真诚地去帮助他们,使他们在你的行动中得到感化。比如,外出时,热情地拉着他,坐车、吃饭、看电影、逛公园、照相争着花钱,而对他从不表现出一点儿不满和鄙视。平时,总是讲一些他所钦佩的人的宽容大度、不计个人得失的事例,使他逐渐意识到自己的不足。

  **给深沉者以真诚**

所谓城府较深的人,指的是那种不愿让别人轻易了解其心思,或在想什么,有什么要求,而总是通过各种方式保护自己深藏不露的

人。这种人往往说话不着边际,对任何问题都不明确表态,经常含糊其辞,以至顾左右而言他。和这种人打交道,常常是很难沟通的。因为很难得知他们真实的想法,所以人们往往也不愿把自己的内心世界向他们敞开,而是有所保留,甚至对他们有所防备。

城府较深的人通常有以下几种情况。

首先,他可能是一位工于心计的人,这种人为了在与别人打交道时获得主动,或者出于某种目的不愿让别人了解自己,而把自己保护起来。而且,这种人还总希望更多地了解对方,从而在各种矛盾关系中周旋,使自己立于不败之地。

其次,他可能是一位曾经受过挫折、打击或伤害的人。过去的经历,使这种人对社会、对他人有一种十分强烈的敌视态度,从而把自己封闭起来。

最后一种情况是他可能对某些事情缺乏了解,拿不出有价值的意见。在这种情况下,为了掩饰自己的无知,而以一种不置可否的方式、含糊其辞的语气与人交流,并装出城府很深的样子。

显然,对第一种人,你应当有所防范,不要为之利用并成为其工具,不要让他得知你的底细。对第二种人,则应该坦诚相见,以诚感人。这种人的城府并不是为了害人,而是为了防人。所以,你对他不应有什么防范,为了真正达到沟通的目的,甚至可以无保留地对他敞开你的心扉。对第三种人则不要有什么太高的期望,也不必要求他提供某种看法或判断。

总之,对城府较深的人,如果你不得不与之打交道,则应该真正对他们加以区分,看其属于哪一类人,然后选择自己的应对方式。

### 给饶舌者以坦荡

背后议论,这大概是人的劣根性之一吧!然而,由于个人认识的局限性,人与人之间的好恶与向背的情绪又难免掺进议论。"议论"通常会不由自主地偏离事实真相,如果议论者是有意识地借议论造谣、中伤、挑拨离间,那就是心理的变态。与这种人相处,的确要万分小心,

非掌握一些诀窍不可。

一、坦荡。人生在世,全然不被人议论是不可能的。不背后议论别人也是不可能的。背后议论事情就其内容而言,有符合事实的,有不符合事实的;就其动机而言,有善意的,也有恶意的。但不管怎样,都应坦荡处之,不要因听到顺耳的议论就忘乎所以,觉得自己一下子高大起来,也不要因听了难听的议论而怒发冲冠、耿耿于怀,或痛心疾首、惶惶不可终日,那样,心理就有可能失去平衡而做出蠢事。

二、正直。背后议论别人,是一种不道德的行为,不能迁就,必须正直地站出来,帮助议论者改正不良习惯。帮助搬弄是非者改正恶习,行之有效的办法是尊重对方,以朋友式的态度进行善意的规劝。同时,巧妙地引导对方获得正确的认识人的方法。比如,当对方谈论他人时,可以先顺着对方的话头,谈谈这个人确实存在的缺点,然后再谈他的大量长处,从而形成一个正确的结论。

### 给狭隘者以大度

心胸狭窄者的基本心理特征有哪些?我们应当怎样与之相处才好?一个心胸狭窄的人,其基本的心理特征:一是容不得人;二是容不下事。心胸狭窄的人,对比自己强的人忌妒,对不如自己的人又看不起。他们生性多疑,一点小事也常常折腾得吃不好睡不着。

当朋友因心胸狭窄,做出了对不住自己的事时,不忍让又怎么办呢?如果闹翻,分道扬镳是得不偿失的。所以,这时作为朋友就应当忍让。忍让,绝不是软弱,而是心胸宽阔、人格高尚的表现。忍让,并不意味着放弃原则。一个人为什么会心胸狭窄?一个重要的原因,就是由于他习惯于孤立地、静止地看问题,因而目光短浅,不能认识事物的多样性。只有大度者才能让狭隘者走出短视的迷宫。

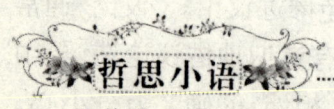

尽管你身边有许多友善的人,但别忘了,你身边也有难相处的人,

而这种人还真不少。你可能会受到不公正的待遇：被排挤、被忽略、被责难、被羞辱……当你无法避开这些人时，你就必须学会与他们相处，降低自己的受伤程度。

## 年轻女孩会遇到的四种人

有人说人的一生在做两件事情：一是做事，一是做人。其实，做人和做事体现在一个过程中。做人体现在做事的过程中，做事反映做人的道理。但仔细说来，做人和做事还是有区别的。年轻女孩应该学会仔细辨别。

现实生活中，有些人内心方正，有些人内心圆滑，有些人对外方正，有些人对外圆滑。从这个角度考察，人物呈现四种形态：内方外方，内方外圆，内圆外圆，内圆外方。到什么山上唱什么歌，和不同形态的人物交往，要用不同的交际之道。

**对内方外方的人要诚实委婉**

在日常交往中，有些人喜欢直来直去，有棱有角，给人一种不谙世事的感觉，因而不太讨人喜欢。他们往往情太真，血太热，性太直，气太傲。他们往往处世认真，不留余地；做事投入，成绩突出；才华过人，不懂掩盖。他们坚持是我的错，我就承认，决不将错就错；是你的错，就是你的错，想赖也赖不掉。这种形态的人，便是内方外方的人，堪称

表里如一的典范。

 **同这种形态的人交往的要点**

一、要诚实。内方外方的人不会溜须拍马,不会阳奉阴违,是值得信赖、值得尊重的人,所以你要待之以诚,关心爱护。如果对他们虚伪猜忌,会使他们产生强烈反感情绪,并且他们还会把这种不满表现在脸上,使你们之间的心理距离扩大。

二、要委婉。内方外方的人做事不灵活,言辞不变通,往往会使一些人陷入难堪境地,所以和他们交往,要注意婉转。当看到内方外方的人口无遮拦,尖锐抨击时,要采用一个合适的方式转移主题,或者幽上一默,巧妙地加以引导。

 **对内方外圆的人要有礼有节**

你总会发现身边有这样的人:明明是正确的,他应该义无反顾地坚持,但因为坚持的阻力太大就违心地放弃自己的原则;明明是错误的,他应该理直气壮地驳斥,但为了一己私利就压抑着默不作声。凡事权衡利害,决不感情用事,这些人,就是内方外圆的人。他们洁身自好,处世练达,谨小慎微,既有原则性,又有灵活性。因为聪明强干,而又锋芒不露,喜怒不形于色,所以四平八稳、八面玲珑,在复杂的人际、利益关系中亦游刃有余。可以说,内方外圆的人往往是成功人士。

**同这种形态的人物交往的要点**

一、要有礼有理。内方外圆的人虽然表面随和,但内心却是厌恶粗鲁,仇视邪恶。如果想缩短同这类人的心理距离,就必须表现出你的积极、健康、向上的交往心态。耻于见人、低三下四的言行举止,尽量在这些人面前少出现,如此才能得到这类人物的认同。

二、要有节有度。内方外圆的人,即使对他人相当反感,也不会把不满情绪表现在脸上,他表面上对你很友好,但他的内心究竟如何却使你捉摸不透。因此,同他们交往,要讲究分寸,言行有度,不要因为他的脸上挂着微笑,就得寸进尺,忘乎所以。

###  对内圆外圆的人要有板有眼

生活中,有些人善于搞人事关系,偏重于个人私利,需低的头就低,该烧的香就烧,该拉的关系就拉,该糊涂的事就糊涂,该下手时就下手。他们不但为人处世圆滑老到,而且内心对自己没有约束、戒律。他们遇到好事、露脸的事、有利的事,就抢;遇到坏事、无名的事、无利的事,就推。这种形态的人物,便是内圆外圆的人。与内方外圆的人不同的是,他们一般不会同情弱者救济穷人,甚至为了私利还会算计人。

###  同这种形态的人交往的要点

一、要有板有眼。他们可能干出表面华丽亮堂,实则损人利己的事。对他们的不当做法,应该明确指正,不要因为太爱面子,便不好意思将实情说出口使自己受委屈。

二、与内圆外圆的人合作,要有所保留,有所提防,不要过于相信他们。内圆外圆的人非常清楚自己的缺点,所以也害怕别人不讲义气,不守诺言。因此,和这样的人打交道,要清楚地示意他们:如果你讲信用,那么我就守诺言。在这种做法引导下,能够使他们在正确的交际轨道上行驶。

### 对内圆外方的人要灵活变通

有一种人在领导眼前、群众面前浑身都是正气,但自己心里却非常清楚自己是一个什么样的人物。这样形态的人,便是内圆外方的人。因为搞言行两张皮玩弄两面术,所以他们极具欺骗性。在生活的大舞台上,他们是出色的演员。罩着金色光环的贪官,披着华丽外衣的恶人,就是这种形态的人的典型代表。他们很会包装自己,如果剥

开这层包装，就会原形毕露。"金玉其外，败絮其中"，是对他们的恰如其分的评价。

 **同这种形态的人物交往的要点**

一、要灵活变通。由于他们嘴上一套，心里一套，所以和他们打交道，既不能不听他们说的，又不能完全相信他们说的。如何交往，运用什么策略，采用什么方式，要根据当时情况灵活变通，切不可被他们的"精彩论述"蒙蔽了双眼，进入了死胡同。

二、与这类人交往，首要的任务是根据各个方面的信息，分析出他的真实内心，然后再对症下药，巧妙引导。如此的话，就能够把他们带到正确的交际轨道上来。

一个人不管有多聪明、多能干，背景条件有多好，如果不懂得如何做人、做事，那么他最终的结局肯定是失败。做人做事是一门艺术，更是一门学问。很多人之所以一辈子都碌碌无为，那是因为他活了一辈子都没有弄明白该怎样做人做事。

二十几岁的女孩在社会上打拼，以上四种类型的人是在你拼搏的道路上一定会遇到的四种人。只有将这四种人琢磨透、结交好，你才能在社会上站得稳、吃得开。与其将大好的时间浪费在逛街或看电视上，还不如让自己静静地想一想，如何去应付以上四种人。

每一个生活在现实社会中的人都渴望成功，而且很多有志之士为了心中的梦想付出了很多，然而得到的却很少，你不能说他们不够努力，不够勤劳，可为什么偏偏落得个一事无成的结局？这值得每一个女孩认真思考。

# 第一章　好命女人的处世智慧

 ## 独处是一个人的狂喜

> 人们往往把善于交往看做一种能力，却忽略了独处也是一种能力，并且在一定意义上是比善于交往更重要的一种能力。反过来说，不擅交际固然是一种遗憾，而不耐孤独也未尝不是一种很严重的缺陷。

独处也是一种能力，并非任何人任何时候都可具备。具备这种能力并不意味着不再感到寂寞，而在于安于寂寞并使之具有生产力。人在寂寞中有两种状态。一是惶惶不安，百无聊赖，茫然无措，一心要逃出寂寞；二是习惯于寂寞，安下心来，建立起生活的条理，用读书、写作或别的事务来驱逐寂寞。

独处是人生中的美好时刻和美好体验，虽则有些寂寞，但寂寞中却又有一种充实。在独处时，我们从朋友和琐事中抽身出来，回到了自己一个人的世界。这时候，我们独自面对自己，开始了与自己的心灵以及与宇宙中神秘力量的对话。一切严格意义上的灵魂生活都是在独处时展开的。和别人一起谈古说今、引经据典，那是闲聊和讨论；唯有自己沉浸于古往今来大师们的杰作中时，才会有真正的心灵感悟。和别人一起游山玩水，那只是旅游；唯有自己独自面对苍茫的群山和大海之时，才会真正感受到与大自然的沟通。

怎么判断一个人究竟有没有"自我"呢？有一个可靠的检验方法，就是看他能不能独处。当你自己一个人待着时，你是感到百无聊赖，难以忍受呢，还是感到宁静、充实和满足？如果感到内心满足，那么你

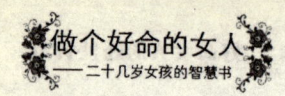

就是一个能够独处的人。

世上没有一个人能够忍受绝对的孤独。但是，绝对不能忍受孤独的人却是一个灵魂空虚的人。世上正是有这样的一些人，他们最怕的就是独处，让他们和自己待一会儿，对于他们简直是一种痛苦的煎熬。只要闲下来，他们就必须找个地方去消遣，呼朋唤友去泡吧。他们的日子表面上过得十分热闹，实际上他们的内心极其空虚。他们所做的一切都是为了想方设法避免去面对自己。这样做的结果是他们变得越来越贫乏，越来越没有自我，形成恶性循环。

女人天生比男人更容易产生孤独感，因为女人缺少排解孤独的能力，再加上女人内心特有的多愁善感，就更加容易顾影自怜。

现代社会的残酷竞争让女人变得男性化。办公室里的女强人，以及各行各业中的女精英，还有那灯红酒绿里的忘情女，都忙得不亦乐乎。然而事实上，成功的女人大多是孤独的，虽然在别人眼里她们是那样的风光无限。她们站在事业的巅峰俯瞰四周，与丈夫、家人、朋友之间似乎有一种难以跨越的距离感。忙碌的女人往往忙得那么无心，又那么无情。除了紧张的工作，还有没完没了的家务，留给自己的时间太少了，生活圈子在忙碌中不断地缩小，往昔浓浓的亲情和友情也在慢慢地淡漠。

闲暇的女人同样孤独。她们大多是寄生在别人身上的，或许是恋人或许是丈夫。因为依附，她们不敢过于张扬自己的个性；因为依附，她们会顾忌很多事情；因为依附，她们不敢有过多的奢求；因为依附，她们内心的许多想法不能表达。一颗原本幸福快乐的心在极度的压抑之下，渐渐变得孤僻、冷漠、狭隘，甚至产生一些变化……时间长了就逐渐地与外界失去了联系，也会愈发跟不上丈夫或恋人的步伐。这样的女人最孤独，她们已经孤独地失去了走出孤独的力量，最后只剩下落寞。

独处是要有一定时间期限的，一旦你闭门修炼达到了预期目的，那么就要摆脱独处，融入现实生活中去。走出心灵寂寞最好的办法就是面对现实、接纳自己、改变自己、敞开胸怀，走出去和朋友们交流，回到亲人中间共享天伦之乐。除此之外，还有很多选择。

 **随心所欲**

当你感到寂寞孤独的时候,就去做你喜欢做的事,千万不要坐在那里发呆而虚耗了青春。把精神集中在你最喜欢的事情上,自然能把心中的寂寞慢慢排遣掉,你会开心地忙碌在自己的世界里,没有闲暇去胡思乱想或自怨自艾。跑步、减肥、练瑜伽、绣十字绣,甚至去学一门外语、一种乐器……在这个过程中你会得到无尽的乐趣,还会结识许多志同道合的朋友,共同分享你们的心得体会和喜怒哀乐。你会发现寂寞渐渐离你远去,孤独也慢慢不见了踪影。

 **拥抱自然**

人是自然的孩子,如果你心情不好了,觉得很寂寞、很孤独,那就重新回到大自然的怀抱。大自然是人类心灵的归宿,当你置身于蔓延的绿色和清新的空气里,还有什么烦恼放不下呢?和心灵对话,你会感到安逸和愉悦,因为生命的力量是最感人的。在无所事事的周末,远离城市的喧嚣,到郊外去爬爬山、钓钓鱼、戏戏水,所有的孤单无聊都会被自然无形地化解掉。

 **适量工作**

一天八小时的时间并不能完成所有的工作,所以你会加班。就像上学时的晚自习,日复一日年复一年,你陷在繁忙的事务里彻头彻尾地成了工作的奴隶。终于有一天你猛然意识到,你只会用电脑说话,不会写字了,只会发电子邮件,连朋友的电话号码都忘了。要知道,工作是永远也做不完的,即使你用一生来工作也永远没有尽头。放下手头的工作,好好给自己做一个计划,留出一点时间给自己,尽情地放松一下疲惫的心灵。尽快恢复和朋友的联系,让他们知道你没有忙得忘记自己是谁。

 **常回家看看**

把你认为生命中最重要的人的名字写在一张纸上,你会发现他们

都是你最亲的亲人。血永远浓于水,血缘就是无论何时、无论何地都关心你、支持你、帮助你、牵挂你而不求任何回报的亲情。如果你住得离父母或者兄弟姐妹不远,那就经常去看看他们吧!他们是你最亲近的人,他们是你生命中最重要的人,有了他们你的生命才完整。烦恼的时候可以向父母诉说,快乐的事情也可以和父母分享。在父母的眼里,你永远是长不大的孩子,或许他们已经不能在生活上为你付出什么,但是你应该经常传达那份做女儿的孝心。人常说,女儿是父母贴心的小棉袄,父母的健康和快乐永远是我们生活旅途中最好的行囊。常回家看看,常和父母在一起,你就不会孤独了。

著名作家、艺术家赵二呆先生说过:"谈人,生是非;论事,多争执;情浓,有麻烦;曲高,无知音。故人宜独处"。心灵有家,生命才有路。学会与大自然相处,学会与生命相处,学会与自己相处。学会独处的人,心智才能够成熟;学会独处的人,心胸才能更豁达;学会独处的人,才能领悟到生命的真谛。作为独立的女人,一定要学会独处,这样你的生命才会更有意义。

 ## 女孩处世智慧

让人欣赏的女孩,看上去是贤淑的淑女,具备做事不卑不亢、遇事从不慌张的处世性格。她们的典雅风姿,自然是青春所不能完全透析的。如果女孩

愿意思考、愿意勤奋、心存感念，懂得什么才是自己想要的，而什么是可以放弃的，就会在处世上有精彩的表现。

不少年轻女孩在处世上陷入苦恼，自我感觉对身边的人很好，怎么身边没什么朋友，在别人眼里还是难以相处的人呢？其实问题关键还是出在你的身上。下面列出了10种不受欢迎的女孩子，看你是否也在其中。

 **冷漠自傲**

高傲的女孩会莫名其妙地拒人于千里之外，一副无一友可与之交心、无一人可与之相比的架势。面目表情总是犹如凝固的雕像，就是"烽火戏诸侯"也未必能换取她的一笑，这样的女孩到哪都难免会遭受冷落。

 **无同情心**

女性的同情心使女性独具魅力，对弱者和受欺负的小孩、小动物没有一点怜悯和同情，这就会使人联想到"最毒妇人心"等不好的词语。同情心可以表现在日常生活中的方方面面，比如施舍给乞丐一元钱，在公交车上为长辈让座，这些不起眼的小事正是拥有同情心的表现。也许你不经意表现出同情心的瞬间，就会有人对你一见倾心。

 **自以为是**

自以为是的人凡事强调个人观点、妄自尊大、不懂装懂；明知自己有错，也不愿承认；竭力给人以能干的印象，处理起具体问题来却总是乱作一团。愚蠢的女孩自以为是，聪明的女孩却把自以为是的机会留给男人。

 **浓妆艳抹**

化妆是女孩每日的必修课，这门课程的最高成绩是化妆若无妆。

但有些女孩偏偏要全世界都知道自己是化了妆的，以彰显对每个人的尊敬，最后往往是弄巧成拙，换来的却是别人鄙夷的目光。女孩的年龄就是最好的化妆品，清纯自然才是女孩应该追求的目标，浓妆艳抹难免让人感到可怕和俗气。

### 无责任感

没有责任感的女孩处理事情很少考虑他人，只求自己痛快，盲目追求时髦、浪漫。一旦大家一起努力做的事情失败了，便立刻想办法洗脱自己的罪名，完全不顾其他人的感受。

### 参与意识

有的女孩喜欢打听与己无关的事，热衷于传播小道消息，不尊重好朋友对自己的信任，以张扬他们的秘密为乐事。最终，不但失去了值得信赖的朋友，而且听消息的人也会渐渐疏远她，害怕成为她口中的下一个受害者。

### 施舍爱情

有的女孩喜欢扮演情圣的形象，随意地向喜欢自己的男孩子施舍爱情，给他人造成严重的心灵创伤还很得意。但你的种种"光荣事迹"在经过大家添油加醋地传播之后，一个崭新的剩女即将诞生了。人可以随便，但即使随便起来也应该是有感情的人。如果一个人已经成为习惯玩弄他人感情的人，又怎么会有傻瓜毅然决然地向其付出友情或是其他情感呢？

### 花钱似水

有的女孩把大部分的时间和精力花在装扮自己上，向父母伸手要钱仿佛要债一般。这样的女孩子必然让喜欢她的好男人望而生畏，觉得养不起。而其闺密也是避之唯恐不及，谁也不想挣点可怜的薪水都在陪闺密逛街的时候挥霍掉。

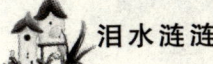 无分寸感

有的女孩不分场合嘻嘻哈哈，或是出拳动脚闹做一团，让人觉得很不自在。女孩子笑得太多太灿烂，会让人觉得肤浅。笑是与他人进行良好沟通的必备技巧，但女孩笑要拿捏得恰到好处。笑得少才会激发男人的兴趣，就如"烽火戏诸侯"的褒姒。如果周幽王随便说点什么褒姒都哈哈大笑，周幽王也就不会将褒姒视如珍宝了。

泪水涟涟

女人的眼泪是男人心肠的柔化剂，可增强男人的责任感，但若一遇到不顺就大哭特哭，谁都会感到厌烦。眼泪是女人的秘密武器，但要恰当使用，才会达到出奇制胜的目的。

二十几岁的女孩涉世不深，常常会将校园里的处世哲学套用到社会中。在屡屡碰壁后，却依旧不知道问题出在哪里。其实，只要注意一些处世的小雷区，就会让你在复杂的人际关系中游刃有余。

女孩说话要用脑子，谨行慎言，话多无益，嘴只是一件扬声器而已，平时一定要注意分寸，控制好调频旋钮和音控开关，否则会给自己带来麻烦。讲话不要只顾痛快，以为人家给你笑脸就是欣赏，没完没了地把掏心窝子的话都讲出来，结果让人家彻底摸清了家底，还偷着笑你。

遇事不要急于下结论，即使有了答案也要等等，也许有更好的解决方式。站在不同的角度就有不同答案，要学会换位思维。特别是在遇到麻烦的时候，要学会等一等，也许不但化解了麻烦，也会等来了好运。不论遇到什么事情，都冲锋在前，难免你会成为别人的挡箭牌。

这世道没有无缘无故的爱，也没有无缘无故的恨，不要参与评论任何人，做到心中有数就可以了。谁也没有理论依据来界定好人与坏蛋，好坏其实就是利益关系的问题。如果你能够站在利益之外看问题，那么一切问题都能迎刃而解，你也会因此而获得更多的友谊。

年轻女孩在工作中，可能会遇到找麻烦甚至欺负你的人。能忍则忍，没必要时刻与莽夫过不去，但一定要给他攒着，新仇旧怨积累起

来,正义和真理就属于你了,那么瞅准机会一定要彻底教训他一次,在法律赋予的权限以内进行报复,让那小子永远记住你不是好欺负的。

明枪易躲,暗箭难防,背后算计你的小人永远不会消失。小人不可得罪,同样小人也不可饶恕,这是万古不变的真理,对待这种人要稳、准、狠,你可以装做什么也没发生,天下太平、万事大吉,然后来个明修栈道、暗度陈仓、以毒攻毒,让小人知道:小人也不是谁都可以做的,做好人要有水准,做小人同样有难度。

对待爱你的人一定要尊重,爱你是有原因的,不要问为什么,接受的同时要用加倍的关爱回报,但是千万不要欺骗人家的感情,爱是最珍贵的财富,这是你用钱买不来的财富。不要让事业上的不顺影响家人,更不要让家庭的纠纷影响事业。那样做很不划算,家人和事业都受影响。

对背后夸奖你的人,知道了要珍藏在心里,这里面很少有水分。当面夸奖你,那叫奉承,再难听些叫献媚,你可以一笑置之,就当什么也没发生过。对于那种当众夸奖你的人,不能疏忽大意,也许你转过身去就用指头戳你。

所谓的缘分也有善与恶两种,珍惜善的,也不要绝对排斥恶的,相信哪怕是擦肩而过也是缘分。全世界60多亿人口,谁碰上谁也不容易,所以遇到恶缘,也要试着宽容,给对方一次机会,不可以全盘否定。

 ## "人脉存折"——存的是情,取的是钱

女人的人脉是自己的能力,是把握机会,是独到的眼光,是高超的手腕,是支配金钱的意识,是打理金钱的技巧,是聚敛财富的本事,是驾驭金钱的智慧。当我们的人脉愈加雄厚与旺盛时,梦想就会成真,生活就更自由,事业就更有保证,成功就会掌控在你手中。

每个人都有一套累积人脉的方法,但是如何才能有效率地提升人脉呢?拓展人脉的前提是必须先具备自信与沟通能力。

其中,自信表现为"你的舒适圈(在不同场合中感觉到自在的程度)有多大"。一个没有自信的人,舒适圈很小,总是怕被拒绝,因此,他不愿主动走出去与人交往。举例说,在鸡尾酒会或婚宴场合,西方人在出发前,都会先吃点东西并提早到现场。因为,那是他们认识更多陌生人的机会。但是在华人社会里,大家对这种场合都有些害羞,不但会迟到,还会尽力找认识的人交谈,甚至好朋友约好坐一桌,以免碰到陌生人。

沟通能力则表现为了解别人的能力。包括了解别人的需要、渴望、能力与动机,并给予适当的反应。而倾听则是了解别人的最佳途径。

除了倾听,适时赞美别人也是沟通的好方法。美国"钢铁大王"卡内基在1921年付出一百万美元的超高年薪聘请夏布为CEO时,许多记者问卡内基,"为什么是他?"卡内基说,"因为他最会赞美别人,这

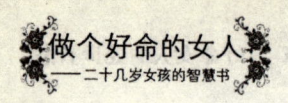

也是他最值钱的本事。"甚至,卡内基为自己写的墓志铭都是:这里躺着一个人,他懂得如何让比他聪明的人更开心。

董思阳,21岁时就成为身价上亿的企业总裁。她的自传《21岁当总裁》一时间红遍大江南北,成为有志于创业的青年"拷贝"的蓝本。21岁的她获得如此成功,是凭靠自己的实力还是有幕后推手炒作,网上种种猜测、质疑将她推向风口浪尖。

年纪轻轻的董思阳集年轻、美丽、财富、智慧、运气于一身,是个"80后"的财富新贵,但没有"80后"的飞扬跋扈,与"80后"相比稍显老练。她表现出来的那种优雅自信,确实尽显成功企业家的精神气质。让我们回顾一下董思阳的创业历程。

17岁时,董思阳考入新加坡南洋理工大学。她半工半读,在校园里租下一个便宜的摊位卖头饰,因为品种不多,竞争不过校外的小店。

她在学习成功学时,学员中有一个人是新加坡中华总商会的副秘书长。这个人介绍她进入新加坡中华总商会做翻译,每次给她一定的薪水。她便在新加坡中华总商会做了兼职,这样有机会接触到一些真正的商人。

在新加坡中华总商会举办的一次企业峰会上,因做饰品生意而关注义乌小商品市场的董思阳,便与浙江省省长有了共同话题。有了省长的倾力帮助,董思阳以低廉的价格从义乌进口高档的饰品,生意便红火了。

那时,她上午上课,下午打理饰品摊位,晚上出席新加坡中华总商会的交流会。曾经有段时间她几乎得了轻微的人格分裂症,因为她每天要扮演三种角色:上午她是象牙塔里的大学生,下午她是小摊贩,晚上她是参加各种宴会的"女商人"。企业家们以为她是富家女,但和她聊几句就无以为继,因为她既不懂高尔夫,也不知道日本上野公园有什么花。为了融入那个圈子,她学习各种谈资。当她懂得了茶道、壁画和赛马时,闲聊使她和企业家们融洽了感情。董思阳擅长交际,并主动维系人脉资源,因而在她每一次蜕变的时刻,总会出现提携她的贵人。

董思阳曾这样总结自己的成功经验:"许多学生都问我成功的诀窍,于是,我就告诉他们,其实成功真的有捷径。每一,就是要认识自己,相信自己。找到属于自己的道路,然后坚定地走下去。第二,要学会反省自己。时常反思,可以避免走弯路。第三,环境影响人生。有时候,在不同的环境里,接触不同的人,就会有不同的发现,甚至会有意外的惊喜!所以,一定要选对适合自己的环境。"我们可以肯定一点,那就是在董思阳的成功经历中,人脉是最重要的资源。

建立了自信与沟通能力以后,提升人脉竞争力的技巧还有哪些呢?

### 建立守信用的形象

台湾著名经理人韩蔚廷认为,"说到做到"是他最希望自己在别人眼中的样子,也是他一直以来奉行的信念。而也正因为他"绝不过度承诺",不管是朋友、同事还是客户,都很信任他。建立一个让人信任的形象,是让人脉网迅速扩大的关键。如果一个人讲的话每次都要打七八折,那么他认识的人越多,带来的负面效应就越多。

### 增加自己被利用的价值

只要你对某一领域非常精通,对此稍加利用,就建立了一个广大的人脉网络。对于利用价值的问题,年轻的女孩们一定要深刻理解其含义。不要为了增加人脉,而将自己的身体作为被利用的价值,那样只会让自身的价值贬低。

### 乐于与别人分享

不管是信息、金钱利益还是工作机会,懂得分享的人,最终可以获得更多。赚钱机会非常多,一个人无法把所有的钱赚走,要学会与人分享。

### 增加自己曝光的途径

旅游团、健身俱乐部等,都是把自己推销给别人的好渠道,也是建立自己形象的机会。提到网络,人们最先想起的就是 QQ 交友、婚恋

网等,多与爱情相关。其实,现在的网络,除了起相亲作用外,还有很多其他作用,比如交流兴趣爱好,聊天减压,或周末相约一起爬山,从而建立起自己的网络人脉。

**创意与细心**

例如,善用名片就是一个妙招。法国亿而富(Total Fina Elf)机油前总裁,每年总要立下志愿,与1000个人交换名片,跟其中的200人联络,并跟其中的50人成为朋友。据传,日月光半导体总经理刘英武当初在美国IBM服务时,为了争取与老板碰面的机会,每天都观察老板上洗手间的时间,然后自己也选择在那时去洗手间,增加与老板的互动。

**保持好奇心**

一个只关心自己,对外界没有好奇心的人,即使在好机会出现时,也会与之擦身而过。当你对人产生兴趣时,问题总是可以触及人心。比如美国知名电视主持芭芭拉·华特丝就常在人物访问中询问被访者:你一生中最有成就感的事?你跌入谷底的经验?未来5年后你想成为什么样子?毕业后的第一份工作是什么?正是她对被访者强烈的好奇心使她的节目充满人生的智慧,并使她大获成功。

总结当代成功女性的人生经历可以看出,她们最初也许很平凡,但她们凭借良好的人脉渐渐创造了一个新的自我。她们自身也许很普通,但她们却有着超常的经营钱脉的头脑与能力,于是,生活中出现了鲜花和掌声,事业中添加了辉煌与卓越。成功的翅膀便是人脉加钱脉。任何一位女性有了这双翼,都可以创造出自己的人生奇迹。

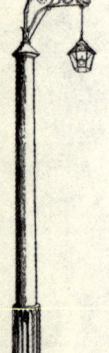

# 第二章
# 好命女人的魅力智慧

魅力到底是什么？并不是每个女人都能说清楚。是"千呼万唤始出来，犹抱琵琶半遮面"的娇羞？是"在天愿作比翼鸟，在地愿为连理枝"的一片痴心？是蒙娜丽莎的微笑？还是玛丽莲·梦露迷人的神韵？一个聪明的女人，应该知道如何通过展现自己各方面的优点，来构成一个有魅力的整体，从而使自己的魅力指数更高。虽然这是一种很难达到的能力，但只要努力提升自己、完善自己，就能让心理永远年轻，让风韵永存，让魅力永远光彩照人。

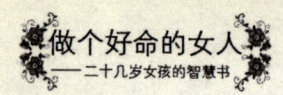

 ## 做个独立的女孩

独立是一种成熟,是女人借以安身立命的根本;独立是一种表白,从此自己的生活自己做主;独立是一个过程,不亲身经历就无法长大;独立是一种尝试,学会在选择中寻找真正的幸福;独立是一种心情,有点复杂又有点欢喜。

每个女孩都梦想做一个真正的公主,可是公主只可能存在于童话故事中。白雪公主与七个小矮人的故事我们都看过,陪伴白雪公主的是七个侏儒,而不是七个大帅哥。童话里尚且并不完美,更何况是现实呢?在现实中,虽然在你的家庭中亲人对你捧若心肝,待若公主,可是一旦脱离家庭的佑护,你就会脱去"公主"的外衣,显露出本来平凡的面目。

现实是残酷的!在家里也许你是公主,可是出了家门,你真的就很普通了。你就好比是海底的一粒沙,在父母的眼里,你永远金光闪闪。可是一旦被狂风卷出大海,落于平滩,你便只是一粒沙,跟别的沙毫无二致。作为普通的一粒沙,你必须要通过自我的证明才能独树一帜,秀出不一般的风景来。如果你还牢牢陷在父母和家庭佑护的臂弯里,一门心思做着无关痛痒的公主梦,那就赶紧醒醒吧!

娜拉是一个英国军官的女儿,在印度充满神话气息的故事中无忧无虑地成长着,父亲告诉她,每个女孩都是一个公主。后来,父亲参战,她不得不被送到一所寄宿制的贵族学校,开始真正成长的历程。娜拉的父亲每个月都按时汇来支票,家庭的富有,使她在学校也享受

到公主般的待遇。但不幸降临了,父亲阵亡的消息传来,她失去了小公主的地位,学校的校长没收了她所有的东西,强迫她搬上阁楼,她带着父亲送给她的唯一的布娃娃,开始了做奴仆的日子。娜拉转瞬从一个人人欢迎的小公主成为一个奴仆一样的下等人,其内心霎时跌入谷底。这时的娜拉开始对"每个女孩都是一个公主"产生怀疑,世界上没有什么神奇的东西,饥饿、寒冷、辛劳要远比美好虚幻的概念来得沉重得多。

在富有和有势力的父亲的佑护下,无论在家庭还是学校,娜拉都能过得像公主一样。可是父亲一旦离去,娜拉就立时失去了公主的身份,沦落为下等的奴仆。这说明依靠人你只能赢得一时的荣耀,一旦失去了可依靠的人,你的生活就会一团糟。其实说白了,你的"公主"的身份,只是一只花瓶,一个幌子,如果你打算永远依靠某个亲人某个家庭的佑护,你最终将渐渐腐烂,失去"公主"的外壳。

所以,不要再依靠你的父母和家庭了!它们虽然是温暖你的心灵的港湾,但作为偶然的停泊处还可以,如果永远留驻只会误人误己。正如俗话说的"靠山山会塌,靠水水会流",只有靠自己的女孩才永远不会倒。

娜拉的故事并没有结束。这个坚强的小女孩没有让我们失望,她凭借着她的善良和勇敢赢得了所有同伴的喜欢,克服了生活变故给她带来的打击,依靠自己,她再次站了起来,成为生活的强者,广受人们的尊敬和喜爱。后来,她在自己住处对街的房子里竟然与她的父亲相遇了。原来,命运跟她开了个大玩笑,父亲并没有死!

一切就这么现实而简单,不管你现在出身如何,不管头上戴有多少公主的桂冠,作为女孩子,你只有依靠自己,才能在社会上确立自己的身份,才能在这个世界上找到人生的立足之地、幸福之所。

独立的女人是能够让同伴们羡慕的,也是被男人们欣赏的。在所有的男人心目中,都渴望自己的女友或妻子能成为与自己同进退、心有灵犀的红颜知己。只可惜这样的女人少之又少,这不仅是男人的悲哀,也是女人的悲哀。

女人应该学会遇事冷静,临危不乱。遇到危机不能吓得脸色苍白,不知所措,甚至痛哭流涕,往男人的怀里钻,用眼泪作为捍卫自己的武器。女人应该是独立的,有头脑的,有能力的,应该可以用智慧、用个性魅力征服危难。更难得的是,女人懂得在什么时候安慰男人,并且把男人的自尊照顾得很好,赢得他真心的喜爱,不做男人的附属品。

一个独立的女人,要做到性格独立、经济独立、感情独立。

 **性格独立是必要的**

有了独立的性格才会有独立的行为。并不是万事依靠别人,言听计从。当然父母的话除外。要有辨明是非的能力。有道理的可以听,如果是违反个人原则的观点,就一定要判断自己是否该做。从现在起要靠自己,做有主见的女孩。

 **经济独立是最关键的**

经济独立才会有地位,才会受人尊敬。不依靠别人生活,自己能够活得潇洒自在。如果自己的收入过低或者没有收入,那么地位就可想而知了。有了稳定的收入,才算是真正的稳定。现在的社会,地位和收入几乎是成正比关系的。现在的社会就这么实际。如果没有一个稳定的工作、稳定的收入,恐怕连恋人、伴侣都会看不起你。事业有成,会让你觉得自己有价值,这是人人应该追求的事。

 **对女人来说,任何时候都要感情独立**

即使是极其喜欢一个人,也要学会给自己一定的空间。让自己

能够沉淀下来,做自己的事。一旦爱了就要全心全意地投入,但是如果发现两人不合拍,就不要缠着别人。独立不是做小女人,是自己对对方的尊重。无论何时都要做感情的主人,从现在起做个独立的女孩!

年轻女孩一定要记住:有理想的女孩,成功就不会把她抛弃;热爱生活的女孩,生活也会充满阳光和清新的空气。在茫茫人海、芸芸众生中,身为一个二十几岁的妙龄女孩,你必须找到能够使你用双脚坚实地站在大地上的东西,这个东西便是你的远大前程和人生目标。

## 淑女、熟女,不如书女

读书如细流的溪水,无声无息地滋润着女人的心灵,给生命留下一份宁静与美好。"腹有诗书气自华",这是入眼便心旷神怡的美好,给人春风化雨般的温柔与体贴。

读书的女孩是美丽的,美丽的女孩也如同一本书,一本令男人百读不厌的书。读书的女孩身上带着特殊的风韵,埋头阅读的剪影如水般的月华明亮清澈。读书的女孩不施粉黛而显脱俗,不着名牌却显高雅,因为智慧在闪光,同样秀色可餐!

经常读书的女孩会处世，她们做事会思考，知道怎么才能想出办法。她们能把无序而纷乱的世界理出头绪，抓住根本和要害，从而提出解决问题的方法。

读书能够使女孩修身养性，提高个人品位，扩展学识视野，焕发娴静淡定的气质和雍容文雅的神采。

读书让女孩走向成熟，读书让女孩具有征服一切的勇气和力量。书香四溢，读书的女孩读出女人好味道。女孩走出校园，步入社会后，在面对生活和工作的琐事时，庸俗和繁杂难免会侵入生活。只有读书才能赶走一切尘埃，给心灵留一片净土，把钩心斗角的纷争和鸡毛蒜皮的吵闹都抛于身后。任繁华与喧嚣、诱惑，根本腐蚀不了在读书中心灵得到了滋养的成熟女孩。

当然，与泡吧、逛街、遛狗等活动相比较，读书确实有几分寂寞。可无论有多少个逃避的理由，无论你的学历与资质有什么不同，要想成为极品女孩有10本书一定要看，而且要细细地品。因为它们会教你如何看一个男人，如何做一个女人。

 **《第二性》**

作者为西蒙娜·波伏娃。此书被誉为"有史以来讨论妇女的最健全、最理智、最充满智慧的一本书"，甚至被尊为西方女性的"圣经"。她以涵盖哲学、历史、文学、生物学、古代神话和风俗的文化内容为背景，纵论了从原始社会到现代社会的历史演变中，女性的处境、地位和权利的实际情况，探讨了女性个体发展史所显示的性别差异。《第二性》堪称一部俯瞰整个女性世界的百科全书。

 **《写给女人》**

作者为戴尔·卡耐基的夫人陶乐丝·卡耐基。此书收集了卡耐基和卡耐基夫人的一些作品作为本书的主要内容，是一本写给女人的生活教科书。不但具有可读性，而且也是每个女性朋友必不可少的良师益友，被誉为畅销全球的女性缔造成熟之爱、获取人生幸福的经典之作。

### 《红楼梦》

如果没读过《红楼梦》，将是女人一生的遗憾，因为《红楼梦》会告诉你女人如何委婉动人，如何仪态万方，如何冰雪聪明……《红楼梦》展示了女人中的极品，让人真正领略什么才是"水做的骨肉"，也让人领悟到女人必须把握自己的命运。

### 《简·爱》

作者为夏洛蒂·勃朗特。一个平凡女人不平凡的生活经历，一段曲折离奇而又缠绵感人的爱情故事。女主人公简·爱是一个追求平等与自由的知识女性，本书以对一位"灰姑娘式"人物感人的奋斗史的刻画而取胜，折射出知识改变女人命运的主题。

### 《飘》

作者为玛格丽特·米切尔。此书一经问世便成了美国小说中最畅销的作品。1937年，小说获得普利策奖。书中的主人公斯佳丽身上表现出来的叛逆精神和艰苦创业、自强不息的精神，一直令读者为之倾心。她对待生活、对待爱情、对待困难和挫折的态度与经验，也会让涉世尚浅的女孩受益匪浅。

### 《女人的身体，女人的智慧》

作者为克里斯蒂安·诺斯鲁普。这是一本有关女性身心健康的革命性、开拓性书籍。全书从女人的生理、心理、社会承受力、家庭观念等各个方面进行详尽的阐述，可以说是一本关于女人身体、心智和灵魂的书。通过阅读本书，可以让女人认识自己的身体，证实自己的身体，恢复生命的原始节奏，在身体与心灵的和谐中开始新的生活。

### 《围城》

作者为钱钟书。此书的精妙之处在于描绘了中国男人的劣根性，而集劣根性之大成者首推方鸿渐，女人若真正读懂了他，就会打破对

男人种种不切实际的幻想，就不会对男人看走眼。

### 《金锁记》

作者为张爱玲。本书是 20 世纪 40 年代文坛最美的收获。小说描写了一个小商人家庭出身的女子曹七巧的心灵变迁历程。七巧做过残疾人的妻子，欲爱而不能爱，几乎像疯子一样在姜家过了 30 年。在财欲与情欲的压迫下，她的性格终于被扭曲，行为变得乖戾，开始报复社会。

### 《居里夫人传》

作者为艾芙·居里。该传记详述了居里夫人的一生，引用了居里夫妇的大量信札和日记，是一本很翔实的个人奋斗史，也不失为一本女人励志的启示录。

### 《世界美术名作二十讲》

作者为傅雷。此书是艺术史著作中一部难得的佳作，有利于女性读者增强美术修养。本书出自著名文学翻译家之手，是一本为广大女性读者指点艺术迷津的佳作。

## 哲思小语

每个女人读书的目的不同，有的可能为了陶冶性情，有的可能为了娱乐消遣，有的可能为了附庸风雅。但要读就读一本好书，一本让你用一生来回味的书，一本能改变你人生态度的书。这样你才会优雅淡泊、柔美恬静、细腻温婉、风姿绰约、才思敏捷，呈现出迷人的风采。

## 天"声"丽质难自弃

女孩的声音就是女孩的心。认识一个女孩要从她的声音开始,爱一个女孩要爱她的声音,想要记住一个女孩,你就闭上眼睛吧,记住她的声音。只要记住了声音,就拥有了永恒的记忆。

女孩往往在注重自己形体、气质和性情培养的同时,忽略了对自己声音的修炼。其实,声音能很快获得他人的好感。即使一女孩拥有风华绝代的美貌,如果发出的声音嘈杂难听,也会令多少痴男被其"语出惊人",而不敢动非分之想。

人们常说,眼泪是女人的最强武器,用得其所会事半功倍。例如,你在工作中出现重大失误,上司对你进行"狂轰滥炸",这时只要发挥你的演技,快速地进入表演状态嘤嘤啜泣,相信上司会息怒,然后你再想办法弥补错误。女孩另一杀伤性武器是含笑的娇嗔,在句子的末端加上一个高调的助语词:"呢""喽""啦"……男人顿时会有过电般的感觉。这一方面的技巧大陆的女孩要向台湾女同胞们多多学习,但尾音助语词不要拉得过长,过长的尾音就成令人厌烦的"嗲"了。

人们认为声音是天生的,也就错误地听之任之了,将大量的财力与精力投入到收效并不显著的瘦身、丰胸上去了。其实声音是可以后天培养的,女人的声音可以训练,这跟女人的形体一样。声音可以变美或变丑,关键是怎样把握和驾驭。其实播音员都是训练的结果,所

有人都能训练出自己所能够拥有的最好的声音。

 **要注意音调的高低变化**

说话声音的大小,音调的高低,对女人来讲很重要,且有关自身的形象。女人说话的声音大,在大部分场合会让人觉得在显示、张扬,抑或有几分霸道,同时还会给人很邋遢的感觉,缺少"女人味"。女人说话声音低,会显得人沉稳、有修养,有女人的温婉柔媚。女人要保持美好的形象,就要注意说话声音的大小和语气,有话要轻轻说。轻轻说不是"如蚊绕耳"般的含糊不清,而是温柔而清晰。女人有话轻轻说,会给人留下温文尔雅的印象,让人赏心悦耳。

 **注意口齿要清楚**

说话不能有太多的尾音,每个音节之间要有恰当的停顿,太大的声音会让人反感,以为你在那里装腔作势,音量太小会使人听不清楚,让人以为怯场。一般来讲,说话者要根据听者的远近,适当控制自己的音量,最好控制在对方听得清的限度内。

 **注意节奏**

女人说话时,应有欢快的音律美,可以在主要的词句上放慢速度,在一般的内容上稍微加快些速度。这样就可产生时而侃侃而谈如淙淙流水,时而慷慨激昂如奔泻的瀑布的效果。此外,在不同的音段里,还要有高潮,有舒缓,有喜忧的情绪,这样才能引人入胜,扣人心弦。

 **注意语调要温柔**

女孩的声音是否甜美在情感上也有着不可忽视的作用。男女相爱,多数起源于声音,声音决定爱的吸引与和谐。男女双方如果依然还喜欢对方的声音,即使分手也会产生新的冲动和柔情。女人温柔的声音能征服和麻醉男人,越有阳刚气的男人,越容易被温顺的女人声音弄昏。

有人说女人温顺的声音是酒,是看不见火却正在沸腾的水。温顺声音表面很平淡，但实质却像火一样烫人。男人经常号称是钢筋铁骨，但在如火的温顺声音前，却总是被融化得很柔顺。不过娘娘腔男人倒不怕女人的丽音，他们对女人声音的审美与阳刚男人相反，令阳刚男人激动的声音，他们会很麻木。

声音是体现女人味的最佳途径，男人喜欢女人就是喜欢女人味。男人需要柔情，温顺声音是柔情的化身，用它对付男人，就犹如磁铁对付钉子，男人会紧紧贴住你，甚至将灵魂全部交给你。

### 哲思小语

女孩的声音，是大自然音符中美妙的、跳动的音节。细细聆听，可动人心弦，可触及灵魂，胜过清泉流水、百鸟啼鸣。而如果温顺中带点调皮，柔美中带点轻浮，霸道中带点乖巧，快乐中带点忧伤，就足以让任何一个男人梦绕魂牵，为你的一声而爱一世。

## 闻香识女人

一个没有味道的女人是不会吸引温柔的目光的，女人需要有属于自己的"香"——一是来源于体香，二则来源于香水。体香是浑然天成的东西，香水则是锦上添花，好比是女人的第二层肌肤。

使用香水已成为张扬个性的手段。香水已成为提高生活品位、点

缀生活情趣的日用品,并在紧张的生活中散发清新的悠闲氛围。

香水是很个性化的东西,也很奇妙,即使是同样一瓶香水,用在不同人身上味道是不一样的,因为香水的真正香味是融合了人的体温和油脂的,所以每个人都有属于自己的独特味道。香水具有神奇的魅力,当香气散发时,你会变得轻盈苗条、仪态万方,更增添了女孩的温柔美丽。每个女孩都应该学会利用香水来随心所欲地散发自己的女人味。

每一种香气都有一个传奇,有情调的女人懂得用香水诠释自己。每一款香水都是为某一类的女孩精心调制的,不妨选择一种最能表达你个人形象的、最适合你个性的香水,你便会在人们面前展现出你的"国色天香"。

 **西普莱香系列**

以槲树苔为主料加入蔷薇、茉莉、麝香等香料调制而成,具有多种不同香味。这种甜美、复杂而又神秘的香水,适合雅致、成熟和知性的女性使用。

 **东方香型系列**

这类香水含有丁香、芍药及檀香多种花香,香味独特诱人,而且浓郁持久。它会展露出你的高贵、成熟、妩媚的万种风情。

 **植物香型系列**

这类香水充满了鲜果气息的水果香及富有灵动气息的木质香味。和心爱的人漫步于晨曦微露的徐徐清风中,沉醉于烛光晚餐中,沐浴于情深意浓的音乐中时,选择这类香水,最能阐释那份独特的情怀。

 **混合香系列**

它散发着花果香及混合香的中浓度的香味,仿佛就是为傲然独立、活力十足的女人准备的。用这种香水的女人,让人感受最深的是:你是一个智慧与美貌并存的女人,端庄优雅,坚强独立,清楚自己的

追求目标,有知识,有涵养,有主见,自信而又自爱。

女人用香水,颇似男人饮酒。男人讲究浅尝辄止;女人讲究点到为止。香水只有使用正确才能香得有理。

### 秘诀一:"香水有毒"

要注意在阳光充足的日子里,喷洒香水后要停留一阵后出门,否则,香料遇到紫外线时,容易使皮肤生雀斑,轻者也会使皮肤发痒、红肿。

### 秘诀二:秩序优先

用香水的佳处是全身动脉跳动的部位,如手腕、脚踝、膝后、脖子、手肘内侧等。喷洒香水要少量而多处,香气均匀而淡薄。

### 秘诀三:保证专一

要想充分地表现出个人品位及性格,最好使用无香洗护用品,以保证香水香味的纯正。

### 秘诀四:与时俱进

香水是有季节的,用量要与时令配合。在晴日里,香水会比温度低的日子浓烈;在雨天或湿气重的日子,香水则较为收敛持久。另外,春天宜用幽雅的香型,夏天最好用清淡兼提神的香型,冬日则可选用温馨、浓郁的香型。

### 秘诀五:符合环境

上班时用的香水宜清淡优雅;晚宴或聚会时可选用浓烈的香水。随身携带的香水瓶一定要精致小巧,金属型香水瓶适合搭配亮丽高

雅的时装,而晶莹透明的玻璃型香水瓶则适合于搭配休闲服饰。一般来说皮肤白皙及头发色淡的女性,宜选择柔和细腻、有清新花香味的香水;而较为浓烈味道的香水则给人以高贵及富有女人味的感觉,通常为肤色较深的女性选用。

 **秘诀六:甜蜜伴梦**

香水还具有镇静、安抚神经的作用,柑橘花、薰衣草、玫瑰、茉莉等都是催眠效果极佳的植物,喷洒此类植物作为主要原料的香水在脚上与手腕或耳根之后再入睡,能使睡眠更加香甜。

女人身上所传递出的香水气息,在某种程度上能将她的喜好、修养、思想等诸多信息表露无遗。对女人来说,香水是一种无言的情怀,诉说着女人的情绪、品位、内涵及情感。每个女人都应该有一瓶香水,属于自己喜爱的香型,好让自己一整天都沐浴在和谐舒缓的清新气氛中,天天有个好心情。

## 时尚就是比普通人的生活快半步

男人的花花肠子不会因为结婚进行曲的奏响而停止生长。按正常情况,如果不出现婚外情之类的特殊情况,两人的新鲜感也会在相处两三年后渐渐变淡。如何保持新鲜度呢？追求时尚不失为一个良策。

对于追求时尚,各种类型的女人自有应对的奇招。不算美丽的女人迷上了健身、瘦脸和健胸等运动,指望着练就一身好线条;有内涵的女人加倍用功地攻读硕士、博士,变成学术界重量级人物,或是心血来潮地读个哲学、宗教之类深奥的学问;贤惠的女人苦练煲汤、煮菜做饭技能,直逼国宴级水准,时常拽来老公的死党,在家中大设酒宴,言外之意十分明确：今后哥们姐们多多帮忙,帮我看着点他;神经质的女人则什么也不干,只是时常掀起侦察狂潮,防患于未然,让老公心里萌生的那点小念头无藏身之处。

在历史的长河中,时尚不过是一阵风、一片云、一个浪。"楚王好细腰,宫中多饿死"的时代,细腰是时尚；"环肥"的唐代,丰满是时尚；"燕瘦"的汉代,苗条是时尚；数千年来,"三寸金莲"是时尚……为了这些时尚,世世代代的女人忍受了多少痛苦。

对时尚的追逐,与对自然的崇尚,是年轻女性的永恒话题,而漂亮、随意、充满青春活力也应是最喜好自由生活、重视自我感受的年轻女孩的专利。作为女孩,只要你露而有度,就大胆享受年轻岁月所依附的浪漫情怀,尽情体验充满活力的娇媚。那种少见多怪的议论、旁门左道的联想,不妨让它在生活的阳光下渐渐蒸发。

二十几岁的女孩追求时尚是大趋势。但是,的确有人"浑水摸鱼",以至于部分女孩深受其害。商家看准了女人追赶时尚的劲头,为了赚钱,通过电视、报刊、网络等媒体对时尚大肆渲染,卖减肥药的宣传苗条是时尚,卖化妆品的宣传白嫩是时尚,卖染发剂的宣传彩色头发是时尚,做美容的宣传长睫毛、双眼皮是时尚……总之,生活中不乏这样的现象：商家赚到了钱,而女孩们则花空了钱袋,弄坏了身体。

当然,女人爱美并没有错,追求时尚并没有错。只是一定要采取正确的方式和把握住适度的原则。怎样做才算得体呢？下面的几点建议值得参考。

 ### 泡吧

泡吧的女人，主要是为放松身心、化解压力。在世俗的眼光里，酒吧是男人的天地，女人进酒吧，总给人一种说不清的暧昧。其实，这是一种误解。较之男人来说，女人泡吧更会享受那里的情调，因为女人泡吧，给酒吧平添了一份温馨。酒吧是非常闹腾的，震耳的爵士乐混合着鸡尾酒的碰撞声。然而，在这喧嚣中深藏着某种言说不明的宁静。这种宁静让你疲惫的心从工作中解脱出来。在酒吧里，你可以享受寂寞，一个人坐在酒吧的某个角落里，慢慢品着甜酒，仿佛一切皆是舞台戏剧，唯有自己是个清醒的观众；在酒吧里，你可以享受快感，幽暗的灯光下，三五知己，喝着自己喜欢的酒，聊聊天，开一些玩笑，发一些牢骚。

 ### 运动

时尚女孩爱运动，这似乎已经成了现代都市女性的一句时尚宣言，而运动的目的也不再是单纯地只为减肥。紧张的生活节奏、匆忙的都市生活，都要求女人们在旭日东升之时，能用自己饱满的精力、洒脱的个性、自信的笑容、敏锐的思维来迎接每一天。时尚女人是爱美的女人，而生命在于运动，运动使人美丽，所以时尚的女孩们都投身到运动中去吧！为大家推荐四大燃烧脂肪运动：滑冰、自行车、慢跑、高尔夫。

 ### 宠物

也许是天性使然，也许是潜意识里需要陪伴，女人大多爱养宠物。尤其是现在快节奏的社会，一切都变化太快，女人在宠物这里找到了久违的安全感。有人说，女人养的不是宠物而是寂寞。要是有男朋友陪着宠着，宁愿自己当只宠物，又怎会再自己养只宠物呢？其实情况并非如此，宠物会在长夜里等你回家，也会陪你散步逛街绝不喊累，温柔地听你抱怨也不回嘴。只要你将它关好、照顾好，它就不会离开你，除非你抛弃它。它会让女人活在爱里面，虽然是付出爱，但对于女人来说，有爱就不寂寞。如今养宠物的人越来越多，宠物的种类也多

种多样,甚至出了蜥蜴、蜘蛛等"另类宠物"。不过针对女性的性格特点这里推荐几类适合年轻女孩饲养的宠物。

波斯猫:人缘最好的猫咪之一,恬静可爱、乐观向上、举止优雅,还特别能捉老鼠。

土耳其安哥拉猫:常常一动不动地卧着,给人小家碧玉之感,举止端庄,恬静热情。

博美犬:个头小,不占地,性情开朗,活泼好动,无体臭、少掉毛,再适合女性不过了。

可卡犬、拉布拉多犬:聪明、漂亮,最能衬托女主人的高雅气质。但养这种狗需要有在郊区的大房子,因为在城市里它们的身高都超标了。

### 花草

当你向这些花草无条件地付出自己的爱时,你不再狂躁不安或匆匆忙忙,你会处在一个充满了爱的空间里。时尚女孩很忙也很懒,不过一旦喜欢上花草,每天都会花些时间来照顾它们,而每天的这个时候也是最放松的时候,看着它们从小到大,从发芽到开花,每一步都会充满惊喜,也从这里感受到成功的满足,因为它们是不会骗你的,你只要细心地照顾,它们就会长出翠绿的叶子,开出鲜艳的花朵,你对它们好,它们就会对你微笑。男人不可"拈花惹草",但女人如果爱"拈花惹草",怡情养性,实在是妙不可言。

### 舞蹈

时尚女孩,时而化身为舞蹈的空气精灵;时而变为娇羞的江南柔情女子;转瞬之间又成为蒙古草原上豪迈欢舞的年轻女孩。让男人在欣赏你舞蹈的同时,更是在欣赏你的美。舞蹈是一种肢体文化,这种肢体文化毋庸置疑是展现肢体美的一个方面。女性美在东西方的舞蹈中均被体现得淋漓尽致。时尚女孩必学的三种舞蹈。

拉丁舞:在优雅中塑身。当音乐响起的时候如醉如痴地随着跳跃的音符尽情地展现自己,这就是拉丁舞——力与美的体现。

街舞:扮酷中锻炼肌肉。在过滤掉原有街头舞蹈的夸张之后,一个

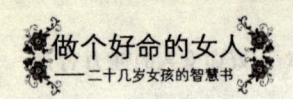

因其轻松随意、自由个性和反叛精神而受到年轻人喜欢的街舞,如今也名正言顺地登上了大雅之堂——健身房。

肚皮舞:扭动腰肢。在妩媚中扭动腰肢,在充满异国情调的乐曲中迸发激情,这就是肚皮舞。跳肚皮舞有减肥的功效,通过对腰、肩、胯等部位的运动,减去多余赘肉,收紧臀肌。

男女相处会有疲倦期,这是没有办法的事,审美疲劳是男人们的通病。男人也不是刻意要伤女人的心,他们工作那么忙,压力大,应酬多,还要眼看着你的"吨位"见长,日渐向"黄脸婆"靠拢,哪还有心情做什么风花雪月。一旦女人学会追求时尚,让自己时刻保持新鲜感,相信下班后急着回家的男人将会大有人在。

你就算是最美的美女,相处久了,男人也会"审美疲劳"。怎样避免这种情况出现呢?答案就是,适当追求时尚,让自己成为与时俱进的魅力女人。只有你厌倦的分儿,不给他审美疲劳的机会。

## 虽然我很丑,但我很温柔

如果把谈情说爱看成一项运动,跑步则是最贴切的形容词。以速度见长的"短跑"就是爱情的初期,漂亮的脸蛋和窈窕的身材拥有绝对的优势;以耐力为标准的"马拉松"就是地久天长的相处,这时温柔就是赢

第二章 好命女人的魅力智慧

**得胜利的法宝。**

也许是受韩国电影《我的野蛮女友》的影响,现在越来越多的女孩都是一副咄咄逼人的架势,懂得温柔的女孩越来越少了。的确,与过去的女性相比,现代女性少有温柔体贴、小鸟依人的了。取而代之的是作风像男性、满不在乎的所谓"新潮女性"。而对于男士的悲叹,"新潮女"可能会柳眉倒竖、杏眼圆睁,气势汹汹地辩驳:"时代不同了,现在我们可是和男人平起平坐的——你大学毕业,我还念过研究生哩;你月收入三千,我年薪10万哩!我干吗对你百依百顺,做出一副可怜兮兮的弱者状?"

在男人的"女人经"中,女人的形象可以千变万化,但绝对不能缺少温柔。即使是有个性、追求时尚的女友,"野蛮""另类"也只是覆盖在温柔之外的伪装,她们的内心一定是柔软和温和的。特别是一旦进入谈婚论嫁程序,火暴热辣的标准就要改变。没有一个男人喜欢自己的妻子凌驾于自己之上,小鸟依人才是他们心中最完美的女人形象。

温柔是个美丽的词汇,一个特别适用于女性的词汇。即使是独立的女人也不能少了温柔气质。因为温柔在男女关系中起着非常重要的润滑作用。

婷婷是一个身材修长、容貌清丽的小公务员。她的一切看起来都是如此完美,但是和丈夫吵起架来却任性得口无遮拦,许多恶毒的言语源源不断地冒出来,最终导致夫妻双方陷入长期冷战。她内心深处是爱丈夫的,为了证明自己的能力和实力值得丈夫爱,毅然辞掉公职

下海赚钱。独自一个人在异地打拼的日子里,她忍受着万般的寂寞和辛苦,终于事业有成,有了可观的积蓄。她花2万元为酷爱音乐的丈夫买回一套高级落地音响,以为会带给他一个惊喜,但丈夫仍对她毫无热情。不久之后她才了解到,丈夫的心已经另有所属。她跟踪丈夫,见到了那个女孩。那女孩很一般,也没有她那么有能力。她自信能把丈夫夺回来,然而用尽了各种办法仍然无效。她太累太倦,流干了眼泪仍是百思不得其解。于是她问丈夫:"我漂亮、能干、有钱,我哪一点不如那个女孩?"看她一脸迷惘的样子,丈夫轻轻地告诉她:"在男人眼里,那女孩虽不及你漂亮富有,却比你温柔……"

那么,怎样才算温柔?唯唯诺诺、亦步亦趋,还是逆来顺受、毫无主见,抑或是无条件地自我牺牲?不,温柔不是软弱,更不是愚昧。温柔是女人独特的气质。

温柔的女人玲珑剔透,知冷知热,知轻知重;温柔的女人是微笑的天使,所到之处,抚慰心灵,平复创伤;温柔的女人一笑泯恩仇,化解千年死结,显示大度、仁厚和悲悯;温柔的女人静水流深,外圆内方,低调、谦和之中承受着生活中所有的磨难。温柔是女性成长中一个慢慢变得清晰的概念,它通常是面对男人时才会做出的性情选择。

你可能不是都市的白领,你的学历也可能不算高,你的厨艺也许不怎么样,总之你绝对不能算得上是一个十全十美的俏佳人,但你却很温柔,说起话来"和声细语",足以让他顷刻间为你陶醉。在男人眼中,女人的温柔比所有的特点都要可爱。温柔的女人走到哪里,都会受到人们的欢迎,吸引众人的目光。她们像绵绵春雨,润物细无声,给人一种温馨柔美的感觉,令人内心赞佩、回味无穷。

具体说来,女人的温柔体现在以下几个方面。

### 通情达理

这是女人温柔的基础。温柔的女人对人多很宽容,她们为人懂得谦让,对别人体贴入微,凡事喜欢替别人着想,决不会让别人难堪。

### 富有同情心

这是女性的温柔在待人接物中的集中表观。对于弱者、境遇不佳者、老人、小孩儿和病人，都会表现出应有的同情，并设法去帮助他们。

### 温馨细致

让人心动的不是一个女人做出了多么惊人的业绩，更多的情况下，是女人那种适时适地的细心关怀和体贴，最能叫人怦然心动。一同出门时，吃东西弄脏了手，你备好纸巾递上；衣服扣子掉了，一向细心的你正好带着针线……虽然都是些小事，但却于细微之处充分体现了女人难以抗拒的温柔和魅力。

### 性格柔和

温柔的女人绝对不会一遇不顺的事就暴跳如雷。以柔克刚，这是温柔女人的最高境界。到了此境界，即使是百炼的钢铁也能被你掌控在手中。

### 不软弱

现代女人追求温柔，但决不软弱。温柔是一种美德，是内心世界有力量和充实的表现，而软弱则是要克服的缺点，二者不可混淆。

总之，温柔可以体现在各个方面，在聪明女人的生活领域，处处都能体现出温柔。作为一个现代女人，应当通过学习，通过认识自己、认识社会和切身体会等途径，去培养自己的温柔。温柔，对于一个女人来说，是其生活和工作中最好的特性，既有助于她独立地生活于社会中，又能使她拥有迷人的娇媚。

现代女人应该注重德才兼备，内外兼修。男人娶这样的人当老婆，自在轻松，自信放心。她温柔可人，但同样会踢被子，耍小性子，挑食，不爱洗碗……其实温柔不只是一种为人处世的态度，也是一种品德修养。温柔女人最大的好处是，可以一"柔"遮百丑。

**哲思小语**

女人的动人之处正在于那似水的柔情，就像再坚硬的石头也会被

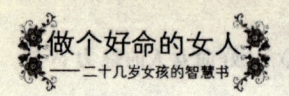

水滴石穿一样,再刚强的男人也会在女人的温柔乡中融化成水。

## 有修养的女人不被"休"

有美人兮,见之不忘,一日不见兮,思之如狂。女人是水做的,或柔情似水,或妖娆妩媚,或风姿绰约。可只有"窈窕淑女",才引得"君子好逑"。何谓窈窕?是指有修养。举手投足,含情脉脉;待人接物,彬彬有礼;谈吐高雅,行为端庄。试问,这样的女人,哪个男人不想追求呢?

"修养"是正确的为人处世的态度,是简单纯净的心态。一个有修养的女人静若幽兰,芬芳四溢。有修养的女人不会随着岁月流逝而渐失光泽,而会越发显得耀眼迷人。二十几岁的女孩要着重提高以下三个方面的修养。

 **拥有品位**

女孩到了二十几岁后,就要学着用心经营自己了,体现在外表以及涵养上,每一个女孩都是特别的,都应该有自己的品位。品位是一个人的修养水平,影响观察事物的态度,同样的东西,不同的人眼中会出现不同的版本,物品本身的价值与品位的高低是没有必然联系的。女孩要用自己的目光去欣赏一件东西,用高级的品位去挑选东西。

在某些程度上,一个人的品位与她的气质是相辅相成的。每个女孩都要有自己的品位。一个廉价的饰品只要戴出了属于它的趣味,它也能够表现出自己的品位。这就要求在平日多看看时尚杂志,提升自己对服饰等的欣赏能力。

**发现生活中的美**

女孩到了二十几岁,就要逃离那些言情、滥情的小说,它只会让大家与悲伤越贴越近,生活并不是小说里情节的翻版。不要总提醒自己遭遇的不幸,要知道在这个世界上有很多人比你还不幸,只要能够抬头看到阳光就是幸运的,那些生活里的挫折比起一个人的人生只不过是一个很小的插曲。想在这个社会上立足,就要有平和的心态。在患得患失的人生里,我们时刻都在选择着,也被别人选择着。我们应该学习一点阿Q精神,痛苦与快乐的生活都是我们选择的,为什么要让自己沉溺在痛苦中呢?

一个人把自己标榜成什么样,她就只能生活在自己给自己设下的心牢里。谁说自己不会成功,谁就可能真的不会成功。成功的人都是乐观的人,悲观永远都是成功的阻碍,只有积极向上的情操才会让生活更美好。女孩们应该积极地去发现生活中的美好,相信明天一定会比今天好,只要你努力了,社会是公平的,不要抱怨生活,否则只能证明你自己没有真正地去努力。

**学会忍耐与宽容**

女孩到了二十几岁,就要慢慢地学会忍耐与宽容,社会不是一个可以任性的地方,那些大小姐的脾气要收敛了,因为可能有些时候就因为你的计较会让你失去自尊,被人指责为没有教养。给那些不友好的人善意的微笑,既能够让对方无地自容,也能够给他留下大度且善解人意的好印象。忍耐并不是懦弱,也不是伤自尊,而是宽容之美。请放下理直气壮的坏脾气,在适当的时候让一步,不仅可以体现出你的涵养,而且还会让你成为受人欢迎的女孩。

生活里会遇到很多不公平的事情,也会遇到很多让你无法接受的人,我们不能改变别人,与其愤怒地大声指责别人的行为,不如怀着理解的心态给对方一个微笑,一般人都不会伤害一个善良的人。声嘶

力竭地与别人争论并不能赢得所谓的自尊,反而让你丢掉自尊。

有的女人矫揉造作、信口开河,使人觉得不可信,还有的女人不懂装懂、生搬硬套,使人觉得读书太少,品位太低,这些女人外表即使再漂亮,充其量只是花瓶和摆设。女人要努力提升自身的修养以达到完美的境界。女人这样才完美:

坚定,但不固执;灵活,但不动摇;明智,但不诡诈;善辩,但不盛气凌人;沉着,但不优柔寡断;机警,但不多疑;豪放,但不粗野;赞赏,但不奉承;热情,但不虚假;活泼,但不轻浮;风趣,但不油滑;淳朴,但不幼稚;老实,但不愚蠢;忍让,但不迁就;谨慎,但不胆小;高雅,但不孤傲;随俗,但不庸俗;自知,但不自欺;自信,但不自负;自尊,但不自诩;自立,但不自私;自量,但不自怯;自如,但不自恃;自谦,但不自卑;自强,但不自傲;自珍,但不自赏;自爱,但不自娇;自制,但不自馁;自贵,但不拒言;自由,但不放纵。

看完以上是不是感觉做个完美女人太难了,其实以上你只要做到十条就已经算是完美了。在世界经济全球一体化的激变中,各行各业的人们都面临着无限的机遇与挑战,尤其是女人,时代对其提出了更高的要求。女人的修养、品格以及看问题的眼光等都会对家庭乃至社会产生重要影响,因此从某种意义上说,女人肩负着家庭和民族综合素质迅速提高的重任。要想让自己成为有修养的女人,仔细阅读下面的话。

1. 遇到不想回答的问题,直视对方的眼睛,微笑、沉默。
2. 走路抬头挺胸,遇见不想招呼的人,点头微笑,径直走过。
3. 和对自己有恶意的人绝交。
4. 有人试图和你无理取闹时,安静地看着他,说:"祝你好心情",然后离开。
5. 给街头卖艺的人零钱,不和深夜还在摆摊的小贩讨价还价。
6. 每年给长辈和朋友寄生日贺卡。
7. 每天把自己打扮得很好看后再出门,即使只是下楼倒垃圾。
8. 爱父母,更重要的是你爱他们的方式要让他们感受到你爱他

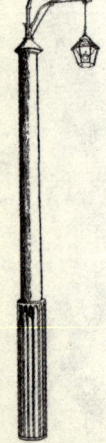

们。大声表达出你的爱吧！对父母的爱是没什么好遮掩的。

9. 维持自己觉得可靠的社交圈子并且扩展之。

10. 多交朋友，交好朋友。女人一定要有闺密。

11. 请记住，好朋友的定义是：你混得好，她打心眼儿里为你开心；你混得不好，她由衷地为你着急。

12. 善待亲戚和亲戚家的小孩子，常走动。

13. 记日记。老了的时候可以回忆年轻时的风采。

14. 懂得从内心欣赏别人，虽然很多时候这很难。

15. 无论什么时候，女人的声音要尽量温柔。

16. 接受自己不过是个"小小的我"，心里要能够容纳"大大的世界"。

17. 不要停止学习。不管学习什么，语言、厨艺、各种技能都行。

18. 不要在经济或情感上完全依靠男人。随时可以离开他，一样生活得很好。

19. 关心自己的男朋友或老公。不要完全地敞开自己，很多事情没有必要。

20. 孝顺父母。不只是嘴上说说，即使多打几个电话也是好的。

21. 尊敬公婆。也许你不喜欢他们，想想没有他们也没有你现在优秀的老公。

22. 尽量不要讲同事、朋友的八卦。

23. 有时要学会听取身边人的意见，这样才不会让自己受到伤害。

24. 别低估任何人。

25. 别人光鲜的背后有太多不为人知的痛苦。

26. 要温和地对人对事。

27. 喜欢的东西自己买，不要指望别人送。

28. 寂寞的时候，不要听慢歌、怀旧或者腻死在网上，站起来运动或者去找朋友聊八卦。

29. 收到甜言蜜语的短信，记得微笑，然后删除。

30. 少喝果汁多吃水果,少吃零食多喝水,少坐多站,少说多做,少怀旧多憧憬。

31. 永远不会再有第二个男人像爸爸一样爱你,所以最爱的男人当然是爸爸。

32. 在QQ、手机里删除前男友的号码,避免神经脆弱的时候主动找他。

33. 生日、圣诞节、情人节,记着买礼物送给自己。

34. 看透的时候,假装没看透。

35. 每天和爸爸联系,经常跟死党交流,偶尔给不常联系的朋友发短信问候,绝不回头找以前的恋人。

36. 记住自己的错误并想办法弥补,但永远不要责怪自己。

37. 愤怒的时候数到10再说话。

38. 可以不认同,但要学会尊重。

有修养的女人,心灵中永远透射出智慧、温暖、和谐的光芒,这样的光芒同样照射男人的心灵,赢得他们的心。

##  个性决定女人的一生

在现实生活中,有的女孩的个性是天生的,用"江山易改,禀性难移"来原谅自己,这是不正确的。个人性格品质的形成,不但和先天因素有关,而且和后天的修炼有关,个性并非固定不变,是随着一个人的阅历以及所处环境的变化而变化的。

每个人都是不同的个体,这注定每个人的人生都将千差万别。可是总是有些人习惯拿别人的标准来衡量自己,看见别人某方面比自己强就心理不平衡,进而对自己提出苛刻的要求。

当然,我们不应拿任何人作为标准来衡量自己,做对比的这些人一定要与自己有一定的联系。比如,你的歌声比不过王菲,身材比不过林志玲,跳舞比不上邰丽华。很显然,这都是事实。但是你大概不会因此产生忌妒之心,因为她们和你很遥远,扯不上关系。不过,如果你和她们是同行,那就另当别论了。

你是这个世界上的唯一,应该为这一点庆幸,应该尽量利用大自然所赋予你的一切。你应该唱你自己的歌,你应该画你自己的画,你应该做一个由你的经验、你的环境和你的家庭所造就的你。不论是好是坏,你都是在创造一个自己的小花园;不论是好是坏,你都得在生命的交响乐中,演奏你自己的小乐器;无论是好是坏,你都要在生命的沙漠上数清自己已走过的脚印。

玛丽·玛格丽特·麦克布蕾刚刚进入广播界的时候,想做一个爱尔兰喜剧演员,结果失败了。后来她发挥了她的本色,做一个从密苏里州来的、很平凡的乡下女孩子,结果成为纽约最受欢迎的广播明星。

金·奥特雷刚出道之时,想要改掉他得克萨斯的乡音,为了使自己像个城里的绅士,便自称为纽约人,结果大家都在背后耻笑他。后来,他开始弹奏五弦琴,唱他的西部歌曲,开始了他那了不起的演艺生涯,成为在电影界和广播界都有名的西部歌星。

卓别林开始拍电影的时候,那些电影导演都坚持要卓别林学当时非常有名的一个德国喜剧演员。直到他创造出一套自己的表演方法之后,卓别林才开始成名。

上天并没有创造一个标准的人,每个人都是独一无二的。你要敢保持自己的本色,不必同别人比高低。你只需按自己的样子生活,去寻找属于你自己的成功。

所以,独特的气质是由你各种独特因素组成的。女性的个性之美贵在独特。人们都在同一个地球上生存,为什么有的人腰缠万贯,有的人却穷困潦倒;有的人天下闻名,有的人却平凡一生。到底是什么决定了这一切呢?难道真是老天不公吗?不,绝对不是。

在老天面前,女人拥有同样的财富。那么,到底是什么原因导致命运不同呢?就是你的个性。你的个性决定了你如何生活,决定了你能否成功。个性,似乎是一种规范化了的魅力。服饰改变不了它,环境遮掩不了它,情绪抹杀不了它,气氛改造不了它,它坚守着自己的"领地",坚守着自己的风格,坚守着自己区别于他人的特殊风情,像明月之对清池,像山峦之对朝阳。

个性是在时代精神、社会生活实践和自我意识的基础上派生的一种心理特征。由于每个人的生理素质、社会经历、家庭环境和文化素养的区别,在思想、情感、性格等方面,也随之形成了与众不同的特点,从而使自己的言行染上特殊色彩,并且成为一个完整、具体、现实的社会的人。个人的这种稳定的心理特征的总和就叫个性。

有才华的女人可以吸引男人,善良的女人可以鼓励男人,美丽的女人可以迷惑男人,有心计的女人可以累死男人。有个性的女人才是真正的女人。

她会在爱她的男人面前流泪,虽然完全可以凭往日的坚强忍住泪水,但在他面前她不愿意。她要用她婆娑的泪眼去看他心急、无助的样子。任他怎样苦口婆心,千求万求,仍要翘着嘴皱着眉,尽管心里早已在偷偷暗喜。有个性的女人就是这样,在她心爱的男人面前,宁愿做一个无依无靠,没有主见的小女人。她会为一点点小事而哭泣,因为她喜欢依偎在他怀里装做很委屈的样子,让他抱紧,让他心痛。

她希望爱她的男人在风中等她下班,也希望在没有他在身边的雨夜里打电话给他,告诉他外面的风很大,雷很响,好像鬼在叫一样。其实她并不怕,曾经一个人的时候她照样睡得很香甜。然而,有个性的女人就是这样,因为她有了依靠的肩膀,有了温暖的怀抱。

她让他在失意、难过的时候躺在她的怀里,让他感觉到他们是同时存在,告诉他,"没关系,你还有我呢"。有个性的女人就是这样,她会在自己和他之间变换各种他需要的角色,因为她爱他。

她会在他因做错事而感到沮丧的时候装傻,有意和他说一些愉快话题,让他的心得到安慰,让他能感到女人的宽容也可以包容一切。她也会用一整天的时间照着菜谱,为自己心爱的男人做一道想象中色、香、味俱全的美味饭菜。也许做得一塌糊涂,但她还是很乐意拿到他面前,等他赞美。尽管她心里知道这菜也许难以入口,而他的夸奖也都是违心的,可她仍然会高兴地给他一个幸福的吻。这就是有个性的女人。

其实,有个性的女人很简单,她的喜怒哀乐都写在脸上,等着爱人认真去观察,去哄她、疼她、怜她、爱她。有时也得在她做错事时批评她,生她的气,让她知道自己做错了事。不过得让她有台阶下,要不可就麻烦了。

其实,有个性的女人就是这样,她有时体贴入微、乖巧可爱;有时撒娇或蛮不讲理,让人无所适从;有时又口是心非、表里不一。但不管怎样,她都会让人又爱又怜。这是为什么?因为她是有个性的女人。

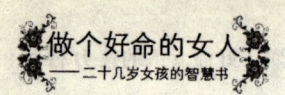

做一个有个情的女人,方能显示自己的智慧。

个性色彩强烈的女性,常具有震撼人心的魅力,这是因为她能掀起心灵的风暴,从风度、气质上表达丰富的内心世界和深层的吸引力。她们大多具有很强的自尊心、自信心和进取心。她们大多能从本质上和微妙的情感意识上排斥传统女性所特有的脆弱和依附性。她们并非排斥古典的优美的女性文化,但绝对排斥古典女性的思想意识。

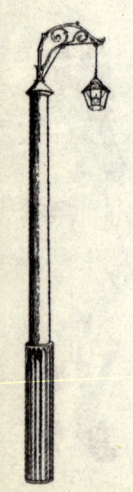

# 第三章
## 好命女人感悟男人

男人脆弱的时候,需要你扮演"母亲";男人迷茫的时候,需要你做他的好朋友;男人激情澎湃的时候,需要你做好他的情人;男人坚强的时候,需要你变身为他的乖女儿……世界上有很多不值得你珍惜的东西,其一就是坏男人!聪明的女人应该知道不要把眼泪浪费在坏男人身上,也不要花时间试图改变坏男人。男人心理学,是每个女孩的幸福必修课!

# 就算是 believe，中间也藏着一个 lie

男人的花言巧语，顾名思义，包含了两个内容：一是花言，二是巧语。前者处于初涉情场的探索阶段，后者则是久经沙场；前者多为哄骗女孩，后者多为欺骗女人。但无论哪一种，都是男人为达到目的采取的屡试不爽的黄金法则。

男人的花言巧语当然是说给女孩听的。免疫力差的女孩，被男人的一通告白就能感动得稀里哗啦，从此便得了相思病以至于要以身相许。女孩只有提高对男人花言巧语的免疫力，才能避免在情场里受伤。在此，有必要将男人的花言巧语进行破译，让女人了解男人的真实面目，这对二十几岁的女孩来说尤为重要。一般说来，男人的花言巧语多用在三个阶段。

◆ 追求阶段：为制造迷情。
◆ 猎取阶段：为设置圈套。
◆ 得手阶段：目的达到后，距离产生美。

**男人在追求阶段的花言巧语**

1. 我只喜欢你，你是我生命里的唯一。

2．如果没有你，生命对于我没有一点意义。

3．这一生我只牵你的手，因为有你已经足够。

上述语言对女人，尤其对二十几岁的年轻女孩并不陌生，男人说类似的花言，要么是无意的表达，要么就是有意地秀演技。对没有追求女性经验的男孩子，虽然此种表达不乏"花"的味道，在当时未见得不是他的真心；对有经验的成熟男人，他正是利用了女人喜欢花言的禀性才能让女人"不攻自破"。所以，破译男人的花言也要具体情况具体分析，对年轻男孩，即使他满口花言，你也不必妄下定论，要做到不听其言而观其行；对成熟男人，只要类似的花言一出口，你就要立刻对他进行全面封杀，那多半不是他对你的爱恋，不过是为追求你而秀他的演技罢了。

 **男人在猎取阶段的花言巧语**

男人对难以猎取的女人多半采取两种策略：一是直接表白，二是欲擒故纵。前者多出自于一般男人，后者多出自于出色男人；一般男人对喜欢的女人总是奋起直追，出色男人对喜欢的女人往往曲径通幽，或欲擒故纵。

1．直接表白

◆你知道什么是爱吗？爱是责任，我是一个男人，我会对你负责任。

◆你以后什么也不要做了，我养你。

◆把你交给我吧，让我来照顾你一辈子。

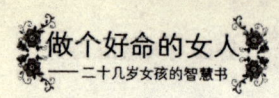

破译:能这样直接表白的男人也算具备了相当的骗女经验。问题是,男人话语中所带有的"诚恳",你没有必要信以为真。至于迷情时刻怎样辨别真伪,只能靠你当时的感觉。这里有一个原则,能说这种话的男人应该对你有一定的了解,若他在不了解你的情况下对你如此"认真",这样的认真就包含着水分。

2．欲擒故纵

◆不要把我看成好色的男人。你是很漂亮,但我爱的是你的心。

◆爱情要的是两个人的感觉,所以我能等。

◆如果你不喜欢我,我马上走开,绝不死缠烂打。

破译:一般来说,敢于对女人欲擒故纵的男人,可以说他对女性的恋爱经验已经达到了登峰造极的境界,并具有相当的自信。一来他可以确定他进攻的对象是否喜欢他,二来他也懂得用知性来打动女人,能增加他对女人的吸引力。

###  男人在得手阶段的花言巧语

1．爱情当然很重要,但不是最重要的。要是我真的天天和你厮守,你愿意吗?

2．按理说,很多男人在这种时候都会甜言蜜语,可我不会,我不是那种嘴甜的男人。

3．每天打电话并不标志着爱,不打电话也不能说明不爱。爱是相互的感觉,你要对我有信心。

破译:通常,说这种话的男人也有相当的女性经验,知道女人在身体交付后对男人的纠缠。这时候的男人开始渴望自由,希望距离产生美。

二十几岁的女孩步入社会时间较短,她们身上残留的清纯气息,往往让已婚的成功男士心动不已。一旦女孩让这类花言巧语弄得发昏,结果往往是让已婚的男人既骗了身体,又骗了感情,受伤害的永远是女孩。下面列举已婚男人的七大花言巧语,希望二十几岁的女孩平日里多多诵读,提高抵抗力,保护好身体。

**请你再给我一点时间**

一点时间实在是一个含糊的概念。什么叫一点时间，一小时，一天，一个月，一年？一点时间也可以等上十年。如果你愿意等下去，一点时间甚至可以是你整整的一生。这是最常见也是最易拆穿的潜台词，他在告诉你"别等了"。

 **我生活得很不幸福，我十分痛苦**

请相信他确实很痛苦，但他痛苦的主要原因是还没有得到你，并且你让他所有值得骄傲的技术失效。幸福是两个人共同努力的结果，不幸福就把责任推给妻子，可见此人无情无义无责任感，这种人有什么好爱的？

 **你是我见过的最美丽、最聪明的女孩，我爱你**

接受他的赞美，你能做的就是真诚地说声谢谢，千万不要被赞美冲昏了头。记着，在对你说这些话以前，不知道他已对自己的老婆说过几百遍了，尽管你还觉得很新鲜，但这三个字他早已经说得发霉了。

 **我不能给你未来，但此刻我是真心的**

他把丑话摆在前头，说明他还是个男人。不过终归是没有未来，你又何必和他干耗？天底下可以让你喜欢的男人并不在少数，你在他这棵树上吊死，到头来你只会落得个"小三"的罪名。

 **我们只是聊聊天**

宾馆楼下，他邀请你上去聊天，于是那个晚上你再也没有出来。别以为自己有多大的抵抗力，花言巧语再加上有经验的挑逗，一夜情就此诞生，继续爱他还是放弃他？天亮以后，你的世界就会陷入黑暗。

**我没结婚**

他看上去确实很年轻,风流倜傥,人见人爱,但这种男人往往得了失忆症,骗你说他没有结婚,但在你爱上他之后会猛然告诉你他结婚了,只是孩子还不能打酱油,你再强烈的鄙视也已经毫无意义。

 **我极力克制自己,但是抵挡不了你的诱惑**

看,是你诱惑他,这种已婚男人不但打碎了你贞洁的牌坊,最后还得便宜卖乖。你还是逃离他的魔爪为好,要知道,他是情场老手,你是恋爱新手,不是一个重量级,你玩不过他的。

在爱情的游戏中,女人玩不过男人。他们总是先用花言巧语让女人尝到些甜头,转转脑瓜子、动动嘴皮子,三下两下就让骄傲的女人乖乖钻进他们的圈套,即使不奏效,男人也没有什么损失,同样能收获乐趣,何乐而不为?何况,一个擅长花言巧语的男人很少会把自己吊在一棵树上,他的花言巧语,往往是全面撒网重点突破。在花言巧语的游戏过程中,男女是双赢的,可是一旦女人被男人打动,把心交出来,游戏便分出输赢,输的永远都是女人。

男人的花言巧语,像蜜糖、巧克力、香水一样,是女人生活中必不可少的一部分。缺少花言巧语的爱情,如一桌没有烛光的大餐,再精致再昂贵的美食,也吃得人兴味索然。而泛滥的花言巧语,就像天天逼着你以鲍鱼果腹,不出几天你就会呕吐,受伤的不只是胃,还有一颗脆弱的心。

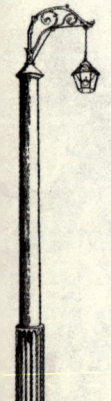

# 男人心底的女性化心理需求

一般情况下,女人的秘密需要与人分享,而男人的秘密则是讳莫如深,只能由他们自己细细咀嚼。如果你是爱他的女人,首先要知道,他有哪些秘密是不可触碰的"私有财产",或是他的难言之隐。

男人也有许多不为人知的"女性化心理需求",但这是些只做不说的秘密,女人更不可以打开看个究竟。下面让我们剖析一下男人的致命弱点。

**软弱**

男人也有软弱的一面,但这不能公开。打架前,装模作样地把袖子卷起来,其实是在掩饰内心的恐惧与不安,但嘴巴却硬得很:"谁怕谁?"

有这样一个故事。一个男子与年轻女同事一同出差。突然飞机出现故障,被告知很有可能迫降。大家都明白迫降意味着会有人再也见不到明日明媚的太阳。年轻的女同事忍受不住这样的变故,靠在男人身上哭泣,男人则紧紧抱住女同事,平静地安慰着女同事。男人最终帮助女同事摆脱了恐惧,飞机也排除故障平稳降落,男人和女人平安到达预定好的酒店。洗去一身惊恐的汗水,女子非常感怀男人的临危不惧,她想做这个男人的女人,想让他保护自己一生一世,即使已经知道男人早已结婚。女人换上了一身自己认为漂亮的衣服,向男人的房间走去。男人房间的门是开着的,女人走进去,却看到了让自己震

惊的一幕。

男人瘫软地跪在床头，对着电话哭诉。女人知道电话的那一头是谁，女人听着男人惊魂未定的话语，再也记不起飞机上那个平静地安慰自己的男子，男人的声音在她耳边反复回荡，"我好害怕，我真的好怕，好怕再也见不到你了……"

女人转身，轻轻地走出了男人的房间，并轻轻地将门带上。因为她知道，这个男人的心里再也不可能装进其他人了。

### 臭美

男人也爱美已不是秘密了，用女人的话说叫臭美，用男人的话说叫品味。也是啊，谁规定爱美就非得是女人的事呢？美是大众的也是广义的，也是不分性别的。

有心人做过一个测验，在某商场拐弯处（这里人少）放一面大镜子，看看经过此地的男女，谁更喜欢在镜前驻足、整理。结果令人大跌眼镜，雄孔雀更爱美，几乎每位男子经过镜子前都会"偷偷地"整理一下行头。但公开场合，男人们一般死也不承认自己爱打扮，这也是男人的一个秘密。

男人的骨子里就是爱美的，谁也不想做一个邋邋遢遢的男人。但可怜的男人每天必不可少的美容项目也就是刮刮胡子洗洗脸了。所以男人都很精通刮胡刀的品牌及使用功能，就如同精通各种保险套一样，乐此不疲地相互推荐。

### 发财梦

男人期望自己买的彩票中500万元大奖，就像女人渴望自己成为灰姑娘。男人期待一夜暴富的奇迹，就像女人以漂亮为资本，期待如灰姑娘一般一夜之间傍上一个大款。生活太累了，人们就开始幻想奇迹的发生。这样贬低男人和女人，不免会让某些凭个人奋斗而平步青云者愤愤不平，我很钦佩这些通过艰苦努力而取得成功的人们，可在成功之前，谁没有做过发财梦？

可怜的男人们常常是玩股票，与朋友合作做些生意，甚至冒险

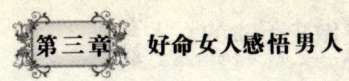

……渴望一夜间成为百万富翁,但又背着太太,希望有一天能给心爱的女人一个天大的惊喜。

  **虚荣心**

要使自己口袋里的钱变多很难,但要使自己变得像个有钱人则容易多了。男人的财力状况是个人秘密,女人最好少问,因为在他们心目中,一个男人的钱包决定了他的魅力与能力,这很微妙,不可轻易去揭开谜底。相应的,男人决不承认自己有虚荣心,但实际情况是他们有一套"虚荣排行榜":第一,只有三两的酒量却说成三斤的海量,吹牛不眨眼;第二,在街上打开手提电脑忙碌起来,以示自己日理万机;第三,标榜自己会玩,比如打高尔夫球、网球;第四,买一部好车,倾其所有用来炫耀,因为再大的豪宅也是带不出去的,而车则随时可以带在身边。男人的虚荣心还有一些具体的表现。

  **表现一:拒绝妻管严**

有些男人非常忌讳被称作"妻管严"。即使家有悍妻,老婆在家指东他不敢往西,一旦犯点小错误就要跪搓衣板,但是在外面,他绝对不会承认自己对老婆言听计从,而且还会向朋友们放出豪言壮语:"老婆不听话,就得修理"。

  **表现二:忌讳老婆批评自己的母亲**

天下第一难处的关系就是婆媳关系。为什么?因为这牵涉中间人——男人的虚荣心问题。男人是母亲的儿子,批评一个男人的母亲,就是变相地批评那个男人。

  **表现三:喜欢美女**

平凡的女人通常更贤惠、更会照顾人,可男人们却偏偏喜欢那些娇气的、势力的、高傲的、冷漠的美女们。因为美女作为少数派,代表更高的附加值。一旦将美女揽入怀中,众多羡慕的眼光会让男人的虚荣心得到大大的满足。

**表现四：不喜欢被比较**

你怎么打骂男人都无所谓，打是亲骂是爱嘛，但是你不能说，"你连谁谁都不如"，那简直是对他最大的侮辱。

 **表现五：打肿脸也要充胖子**

金钱是男人尊严的一部分。哪怕本月兜里只剩一百块钱，也愿意请人吃饭，而剩下的日子天天在家吃泡面。在家抽"红塔山"，出门却要揣上那包自己一直不舍得抽的"中华"，然后还到处散发。

男人是个"面子"动物，喜欢女人的欣赏和崇拜，于是男人的这些秘密变得很微妙，不可轻易去揭开谜底。女人只须平静面对、加以理解、心中明白就行了，千万不要诉之于口，更不要出于爱意而去鼓励他"软弱""爱虚荣"等等，否则男人会认为你看低他了，这是令他无法忍受的。

在丈夫需要你当妻子的时候，不要试图当他的工作和生活的规划师。每个人都需要拥有一个属于自己的生活空间，男人自然也不例外，所以女人明智的选择是：由他去疯，什么狐朋狗友、工作应酬……给他一块"自留地"，由他耕种去！

##  男人恋爱心理大曝光

有人做过一个调查：如果从唐僧、孙悟空、猪八戒

和沙和尚四个人里面选一个出来做你的老公或情人,你会选择谁?结果是绝大部分人选择了猪八戒!因为,猪八戒拥有健康的恋爱心理。

时代在发展,爱情也在与时俱进。对于钟情于恋爱和感情游戏的男人,他们面对感情问题时,内心的原则也在改变。以下是恋爱中的男人最常暴露的几种心态。

### 不惜血本型

这类男人在恋爱活动中一般都是处于主动进攻的位置,当他们遇到喜欢的女孩,或者当他们心仪已久的女孩子给了他们一丝希望的时候,他们就会像任何发情的雄性动物一样,兴奋并不顾一切地投身到恋爱运动之中,不惜血本、不计后果地向目标发起最猛烈的进攻。

处于这种境况下的恋爱男,他们一直处于高度兴奋的状态,为了得到恋人的芳心,他们可以倾尽所有也在所不惜。女孩遇到这种男人还是比较幸运的,为你挥金如土至少侧面地证明他对你的爱,但如果婚后他还有一掷千金的嗜好,那你可就要对其好好进行思想改造了。

### 患得患失型

患得患失型的男人可能是自由恋爱,也可能是发扬传统走相亲路线。这类男人往往过于冷静与沉着,表现在与恋人的关系上过于患得患失。一方面,他们爱上了自己的恋人(或根本尚未确定自己到底有没有爱上对方),希望和她白头偕老。但是另一方面,他们又舍不得为恋人花太多的时间、精力和金钱,因为他们无法确定自己和恋人将来能够走多远。所以他们不见兔子不撒鹰,总会为转移目标留有相当的余地。究其原因,这类男人可能在感情上遭受过一些挫折,导致疑心病较重,生怕再上当受骗。于是,这类男人变得非常现实,从而缺乏爱的激情与浪漫。女孩如果没有能力让患得患失的男人真正爱上你,那就远离他吧!

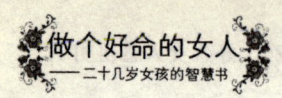

 **自以为是型**

这种男人往往有才有貌,被公众戴上了才貌双绝的桂冠,于是有了飞一般(非一般)的感觉。在恋爱这件有益身心健康的活动中,他们大多处于被动状态,但又有着主宰一切的良好自我感觉。说其处于被动状态,是因为他们身边的女孩往往不是他们死缠烂打追来的,而是她们自己被我们的男主人公的魅力吸引而来。这种情况下,无论这个女孩是多么的百里挑一,我们的男主人公也浑然不觉,于是他有一种莫名其妙的优越感,自以为是地认为只要自己不移情别恋,身边的女孩就会死心塌地在其身边。在整个恋爱活动中,他们又总是以一副施舍者的姿态出现在恋人面前,有时甚至态度傲慢。女孩要对付自信男,最好的策略就是以毒攻毒,你要做的就是比他还要自信。

 **底气不足型**

底气不足与不自信可以算是同义词,但为照顾男人的面子,还是用底气不足这个偏中性的词语为好。底气不足型的男人一般是通过相亲相识相知相爱的。这类男人通常自身条件一般,又缺乏健康积极的心态,因此自信不足,自卑有余。虽然他们的内心深处非常渴望拥有恋人的关爱和温柔,但是他们很少在异性面前展示自己的长处,所以一旦有人关心他,帮他介绍朋友,他会很感激,也会比较珍惜这种机会。但糟糕的是,那深入骨髓的自卑心理总是挥之不去。当他的恋人和别的男士交谈甚欢时,当他的恋人又获得了升职或加薪的机会时……自卑的小火苗又会燃烧起来,于是他眼观六路,路路都放在了恋人的身上;耳听八方,方方都用来探听有关恋人及其周围人对自己的看法和评价,久而久之,他就会越来越忽略自身的优点和魅力,最终把自身仅有的一点点优点与魅力也给降价处理了。好女人可以让不自信的男人重拾信心,如果你没这个能力与信心,还是远离底气不足的男人为上策,否则争吵与怀疑将会成为你们今后生活的重点。

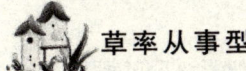
### 草率从事型

这类男人大多无视爱情的重要性,在心理上较为冷淡,用好听一点的字眼形容就是"酷",用稍微刺耳一点的字眼形容就是"拽"。他们重视肌肤的零距离接触胜过情感的交流,重视婚姻的结局胜过恋爱甜蜜的过程,因此他们对恋爱采取草率的态度,只要自己看中了这个女孩子,而这个女孩子也愿意和自己结婚的话,他们甚至觉得不如马上结婚,恋不恋爱都无所谓,反正都是走过场。只要有一点外因的催化,他们会立即向恋人提出进入围城的要求,多少有点喜好闪婚的意味。令人费解的是这种人在市面上还颇有行情。

### 不可不知的男人恋爱29种绝密心理

1. 男人很容易喜欢一个女人,却不轻易深爱一个女人。

2. 男人在感情的王国里,女人只要肯奉承,他什么都答应,并很快就会堕落成昏君。

3. 男人都不太重视对自己太好的女人。

4. 男人都怕女人死缠烂打,但喜欢用同样的方式对付没追上的女人,喜欢挑战自己。

5. 男人的梦想之一是拥有超越友谊界限的红颜知己。(往往都是痴心妄想)

6. 男人认为恋爱和结婚是两回事,很多时候他拖延结婚,根本原因就是他认为身边的女人不是想象中的好妻子。

7. 男人公认的难以忍受的女人类型包括:喜怒无常的,挥霍无度的,不分时间地点情况口不择言的,而最受不了的是不给男人面子在别人面前嘲讽笑话他的女人。

8. 男人追求女人的时候愿意放弃一切自由,追到了,越来越渴望自由。

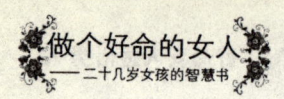

9. 男人内心隐藏着狩猎心态。追捕,得到后就要驯服她,让她变成可在家饲养的小猫咪。

10. 男人都有爱当英雄的自大心态,所以很容易爱上向他诉苦的女人。

11. 两性关系中女人需要男人告诉她,他愿意为她做任何牺牲,男人则需要女人告诉他,他很能干。

12. 在男人心底,亲热到什么程度就是和女人的恋情发展到什么程度。

13. 男人每隔一段时间就有情绪和体力跌到谷底的几天(这点与女人颇为相似),不想见任何人(包括最喜欢的人),躲起来翻翻书、听听音乐、看看影碟或狂打游戏发泄。

14. 男人遇上旧情人多半会自作多情,以为与自己有过感情的人内心总会保持一份情,幻想爱过他的女人永远爱他。女人只会美化眼前的男人,男人不自觉地美化逝去的恋情。所以男人比女人更认同分手还是朋友,不管是甩人或是被甩。男人多半愿意与前女友继续保持联系,并奢望最好是非正常的男女关系。

15. 女人在意男友以前的女友,男人却在意女人离开他后找个什么样的男友。

16. 男人跌入爱河,很少问她的过去,不太关心她和什么样的男人谈过恋爱,因为男人较注重女人的外表,外表就是现在。

17. 男人不愿听心上人的旧恋情,因为想到自己爱的人之前和其他男人有肌肤之亲,就难免会展开丰富的想象,以至于心情非常压抑。

18. 面对两个对自己有爱意的人,女人会在徘徊中选择,男人只会洋洋得意,他其实只想同时追上两个人。

19. 男人爱上一个女人,不一定对她有强烈的亲热冲动,反倒对一些他只是喜欢而不爱的女人冲动更强烈些。

20. 男人很容易被女人吸引,但分得出渴求是出于性还是爱,知道能从她身上得到什么。

21. 男人害怕结婚。其实男人真正害怕的不是婚姻这回事,而是婚礼的烦琐过程和女人的挑剔要求以及婚后所要承担的责任。

22. 男人看到喜欢他的女人(就算他对她没有什么感觉)跟其他男人稍微热情一点,即使是朋友般的拥抱,心里也会不舒服,知道她被人追求更会忌妒,因为骨子里男人不想输给任何人。

23. 男人在分手问题上拖泥带水,其实是想把去留的问题丢给女人,以减少自己做决定所带来的内疚感。

24. 男人看待婚外情比女人实际,因为他有更多机会涉足婚外情,而且他心里明白……花心隐藏在男人的天性中。

25. 男人变心,其实和女人是否注意保持美丽仪表没直接关系,那只是他的借口之一。当他厌倦一个女人时,不管她有多漂亮,只要是她以外的任何女人,他都觉得比她有吸引力。

26. 成熟男人对于崇拜他的少女,抵抗力是相当弱的。

27. 男人对女人的爱,总是混合了生理冲动,亲热前他觉得女人什么都好,之后却可以无半点留恋。但为了不背负太多罪恶感,他们可以在事后继续装温柔状,继续吐露缠绵的情话。

28. 男人很容易爱上卖弄风情,看起来唾手可得的女人(恰恰这是最不受同性欢迎的女人),因为他们觉得有更多机会触摸她们。

29. 想完全了解一个男人,最好别做他的恋人而做他的朋友。

任何男性或多或少总会存在一种或几种男性恋爱心理隐患。和他保持关系还是断交,关键是掌握度,标准在于:你是否爱他,不妨将你的担心开诚布公地与他谈开,让他认识到这种隐患的危险。若你们是初交,感情尚不深,同样可以和他谈谈,以观后效。若你认为没有必要,断交便罢。但是,采取任何一种做法,需要把握的一点是,你对他的判断是否正确与全面,否则,想当然和自以为是都会给你带来终身痛苦。

哲思小语

一个男人会爱上什么类型的女人,基本上从他第一次恋爱开始就

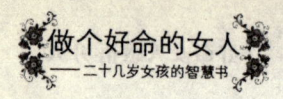

定格了。他第一次爱的是哪类女人,第二次基本还是,第三次还是,就算第一百次,他也会下意识地被这一类型的女性所吸引。

##  男人眼中的完美女人

知道男人眼中所谓的完美女人,并不是为了让大家去讨好男人,按照男人的标准努力成为一个完美的女人,而是利用男人的视角,做自己心目中最完美的女人,活出来个样子给自己看。

古今中外,男人十有八九都是好色之徒,所谓的"食色性也"也就给上下五千年的"君子"一个放肆的正当理由。没有一个男人不喜欢女人(排除心理不正常的男人),可是究竟什么样的女人才是男人眼中最完美的女人呢?对于这个问题不仅男人们各执一词,女人们也是颇为疑惑。的确,每个人心目中的尺度和标准不同,衡量起来自然有诸多困难,但其中也具有以下共性的东西。

###  美貌

古人有云:"窈窕淑女,君子好逑。"传统礼教束缚下,古人都不禁发出感慨,表达对美女有如滔滔江水的仰慕之情,更何况在当今这个越来越开放的社会?我们走在街上可以看出,吸引男性眼球的总是那些貌美的女子,"回头率"已经成为计算女子貌美程度的最好依据。男人爱美女,其实只要从男人们的择偶观上便可以清晰地体现出来,几

乎所有的男人都希望身边的另一半具有让同类垂涎三尺的美貌。当然这世界上的美人毕竟有限，相貌平平的女孩才是"主力军"，因此最终能"抱得美人归"的亦寥寥可数，男人们也只有用"得之我幸，不得我命"来聊以自慰。

### 身材

无论是楚王好细腰，还是唐代盛行的"杨贵妃"似的丰腴，抑或如今流行的"骨感美"，都表现出不同时代人们对于女子身材的要求。哪个男人不希望看到天使的面孔，魔鬼的身材？即使不能达到"才貌双全"，相信一部分男人也会退而求其次，向面孔平淡无奇却拥有魔鬼身材的女孩发起冲锋。于是乎，众多女孩开始对自身的身材做出种种努力，例如瘦身、丰胸等，都是希望自己的身材能更加完美，可见身材对于女人来说可是第二张面孔。

### 气质

"气质美女"时下非常盛行，然而气质又分好多种，哪种最受男同胞的欢迎呢？无疑是金庸笔下"小龙女"般脱俗清新的感觉。假如说美貌终究有失去的一天，那么气质可以说是恒久不变的，它并不会随着时间的推移而风化，相反会在不同的年龄散发出不同的韵味，是可以终其一生来享受的无形资产。

### 知性

随着时代的进步，人们的生活越来越富足，男人的口味也在与时俱进。除了天上飞的飞机，地上跑的汽车不吃，只要是美味、野味就通通不会口下留情。同时，在对女人的口味上男人也开始醒悟，对精通琴棋书画、知书达理的知性女人情有独钟。都说男人不喜欢太聪明的女人，其实不然，究其根本是要看这个女人到底是怎样个聪明法。聪明得整天给自己找气受，还是聪明得睁只眼闭只眼？

地球人都知道，男人是喜新厌旧的动物。关于这点，聪明的女人早就心领神会，她们绝不会听到一点"风吹草动"就河东狮吼，相反

会用"装傻"来稳固自己在男人心中"懂事、识大体"的美好地位,因为她们知道男人早就把"人不风流枉少年"这句话的精髓融会贯通,并已经将其意境升级为"人不风流枉青年"、"人不风流枉中年"等,假如女人为了男人一点点风流韵事就闹得天翻地覆、妇孺皆知,那么失了面子的不只是男人还有自己,更把这段感情推向悬崖。也许怎样收住男人的心,让他早点结束外面的逢场作戏才是聪明女人脑子里所思考的问题。

### 风趣

男女之间相处久了,所有的激情与浪漫都被各类琐事消磨殆尽,这个时候要是身边有个整天絮絮叨叨的长舌妇,男人的大脑就会"死机"。相反如果身边的恋人是一个不论什么时候都能哄人开心的开心果,那就又是一种滋味了。时代在进步,女人不再是相对被隔离的人群,她们参与学习、工作,她们在社会上待人接物。男性开始幻想当自己带着的女伴出现在公众场合时,大家不仅为她的美貌而惊叹,而且更可以和自己的朋友们相谈甚欢打成一片。另外,开朗大方、善解人意的性格也会在人与人的交往中体现出一定的优势,这种性格的人总是比较容易被他人所接受,而且越来越多的男性在自己事业低谷、心情低落的时候都希望陪伴在身边的不仅仅是一个单纯的倾听者,而是一个能给予他快乐,帮助他重新站起来的开心果。

### 宽容

男人都会犯错,尤其在色字上,这或许和男人的生理结构有关。男人和女人思考问题的方式不同,假如说女人是用头脑思考,那么男人就是不折不扣用下半身思考的动物。因为生理原因,男人不可能像女人这样无欲无求、平静如水,他们常常在欲望面前犯错,事后又追悔莫及。于是他希望得到谅解,并且把这种事情用所谓的灵肉分离来进行解释。其实这正是女人所不能理解的。对于女人而言,性与爱是融合的,而且通常是有了爱才有性。她们不能理解男人为什么把性放在第一位,几杯酒下肚就可以兽性大发,以至于为了性而出卖了自己对爱情的忠诚。假如有男人不幸中招,他希望自己的爱人怎么做呢?当然是用最宽容的心来面对他,给他一次重新做好男人的机会。

### 独立

常言道:"男怕入错行,女怕嫁错郎。"其实男人何尝不怕娶错妻呢?随着物质生活对人心灵的腐蚀性越来越高,男性也开始敏感地不断问自己,"她到底是爱我的人还是爱我的钱?"这样现实的问题。在见识过了世风日下之后,有点精神追求的男人们开始迷上了"白骨精",也就是"白领、骨干、精英"的简称。"白骨精"之所以让无数男人折腰,就是因为她们有自己独立的事业,丰厚的收入,稳定的工作。她们不需要依靠男人就能够过上舒坦的小资生活,也不需要男人的救济就能够随心所欲地买自己喜欢的任何东西,跟她们在一起,男人不需要有任何经济上和精神上的负担,更不用担心假如有一天自己变成了穷光蛋,第二天迎来的便是离婚协议书。

### 哲思小语

一个男人的品位在于选择妻子,男人选择怎样的女人作为终生的伴侣就等于选择了过怎样的生活。男人选对女人比选对工作更重要,工作事业可以从头再来,重新选择妻子的机会少之又少。好妻子就是好日子,成功男人背后必有一个好女人,幸福男人的身边必定有一个好女人。

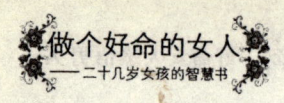

# 男人渴望女人做的十件事

> 好女人不仅是一把"琵琶",而且还是一把"庖丁解牛"的"牛刀"。好女人就是一把上等"牛刀"。因为,这把上等的"牛刀"既能在男人的身体中"渗透"所有的语言,又能在男人的精神世界里"演奏"出金属质感的美妙音乐。

男人对他们所爱的女人有什么期待?身材、外貌、能力、家世、个性?也许都可能。但要在现实中,找一个集各种优点于一身的完美女人出来,未免有点太过荒唐。自古以来,男人梦想中的好妻子都以能"上得厅堂,下得厨房"的所谓秀外慧中的女子为标准。那么在当代男人眼中,最渴望成为自己妻子的女人是什么样子的呢?

 **告诉男人,他有多重要**

其实,做男人挺难。这主要表现在,男人一方面要面对社会生存的压力,另一方面又要面对来自家庭自身的压力。如果一个男人将注意力专注于事业而忽视了家庭,就难免会遭受其对家庭缺乏责任感的声讨。而一个好男人一旦将大部分精力投入到家庭中去,又会招致缺乏事业心的骂名。其实,在男人的内心深处,并不排斥对家庭和妻子尽义务,如果他能够明确地知道他的妻子多么爱他,他会义无反顾地为家庭和妻子牺牲一切。反之,如果男人对家庭和女人的付出,听不

到一点正面的声音,渐渐地他也就会丧失恋家的动力。所以聪明的女人应该学会直接或间接地告诉你的另一半,他有多重要。

 **讲卫生,爱干净**

男人可以一天只刷一次牙,一星期只洗一次澡,一个月洗一次衣服,但就是这样一个臭男人却无法容忍一个面对混乱不堪的家而无动于衷的女人。在这一点上,毫无男女平等可言,这是因为男人认为自己的家庭和自己的女人才是自己真正的脸面。要想做一个男人眼中的好女人,爱干净绝对是不可忽视的一面。

 **宽容与理解男人的缺点和过失**

男人对于家庭和妻子的重视程度,其实不是女人能够感受得到的,他们总是习惯将自己的家当做安全的避风港和安乐窝。所以,他们希望这里能够完全地包容他们的成功与失败,不论什么时候爱人都张开双臂像迎接英雄凯旋一样拥抱他。女人宽容的爱,能够让任何一个战败的男人重新点燃战斗的激情。

 **给男人一家之主的名分**

女人总喜欢在一家之主的问题上与男人争个短长,好像一家之主真的能够左右什么似的。其实,完全可以采取大事他做主,小事你做主的策略。这样一来,虽然将象征权力的玉玺交给了他,但实则你是垂帘听政,接下来要做的就是永远不要有大事发生。男人要求的不过是一个名分而已,他们那么懒惰,怎么可能主动承担买菜和洗碗的责

任呢？你要勇敢并深情地对心爱的男人说，"名分，你想要吗？你想要就说嘛！你不说我怎么能知道你想要呢，你想要我不会不给你的。"

 **理解男人的孤独面**

孤独的男人是一种美，亦是一种沧桑，一种无助的回望和满怀目标的期望。从心理上说，男人是十分害怕孤独和寂寞的动物，而且绝不亚于女人。单身男人每天晚上出去喝一杯或是到朋友家睡觉并不是他们喜欢喝酒或是与朋友非常要好，他们这样做的真正原因是他们害怕一个人独处。因此，当已婚男人失去自己的女人的行踪或者她们晚归甚至不归时，他们便惶恐得像一只热锅上的蚂蚁。

 **男人也有忌妒心**

男人并不比女人缺少忌妒心，只是比女人善于隐藏而已。一旦男人醋劲大发，动辄会以性命相搏，死在情敌决斗刀剑之下的男人远多于因争风吃醋而撕破脸皮的女人。如果一个女人真的爱她的男人，她就应该努力弄懂男人这种掺杂了自尊和虚荣的心态，小心地对待男人的多疑和猜测。

 **不要在男人发怒时与他针锋相对**

男人在社会上承受的压力和磨难是相当大的，这种不良情绪很可能被他们带回家中。所以，男人常常会无端地挑剔女人或乱发脾气。当男人一改往日温柔的形象，有如狂犬病发作大发雷霆时，其实他们并非真的对女人不满，不过是将在外面受的窝囊气释放出来而已。男人最需要女人的理解和接受，需要女人付出承担委屈的代价。

 **不要指望男人家里家外表里如一**

其实，每个男人都是超人，每天都在不同的角色中转换，时常需要将内裤套外面出去救人，而在家则将内裤穿在里面做个平凡的男人。于是女人经常抱怨男人家里家外判若两人，为什么他对外人总是那么彬彬有礼，对我却像个暴君？他为什么不能也对我好一点？其实女

人大可不必为此忧心忡忡。因为礼貌只是社交的需要,而举案齐眉式的客气对于家庭有百害无一利。当男人对女人表现得十分礼貌时,只能说明他已经对她丧失了爱意或者做了对不起她的事情。

### 不要拿自己的男人和别人比较

在男人看来,女人拿自己和家庭与别人比较是对自己和家庭的严重背叛,是对自己能力的严重不信任。男人不可能善意地理解女人的初衷和愿望,只会主观地认为女人在挑剔他们,对他们表示不满。在他们被彻底激怒后就会绝情地说,"如果你不满意,随时可以走"。

### 家丑不可外扬

家中的是是非非本来就是说不清的事情,如果再加进外界的风言风语,男人的自尊心一定会彻底崩溃。到了那个时候,即使男人有心和解,也是骑虎难下。假如女人真的希望解决问题,她唯一的选择就是关起门来,慢慢吵一场有技术含量的架,在争吵中寻求和解的办法。因为男人的家政原则是——不许外人干涉内政,哪怕是外戚也不行。

**哲思小语**

感情是一个很复杂的系统工程,真正的两情相悦是建立在双方不断提升自己以适应对方的基础上,所谓"我爱你就连你的缺点一起爱"之类的话,从来都是婚前相恋或者是婚后交谈时的敷衍之语,根本靠不住。

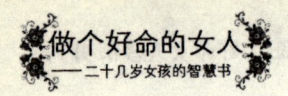

##  男人的征服欲

> 美国作家华尔特·汤恩说:"征服女人,精明的男人无须花费任何钱财,笨拙的男人则靠金钱,最差的男人靠暴力。"

"会当凌绝顶,一览众山小",登山的成就感也许就在于登顶的那一刻——说白了,不过是你站得比别人高一点,有什么好骄傲的?但人活一辈子,除了活着,不就是为了能比周围的人高一点点吗?或者说得再动听一些,不就是为了超越自我,提升自己?既然这样,还有什么比征服更让男人过瘾,更让男人热血沸腾的事呢?

一般来说,当男人和女人的交往被界定为某种特定的意义时,男人对女人的征服欲便随之产生了。男人只要能从女人身上得到他想要的东西,他就会满足。而女人假若对某一个男人已做出肉体为代价的奉献,她便会不依不饶他的轻薄了。因为她已经将"一切"都交给了他,只要他接受了,终身依傍他也无怨无悔。对男人而言,成为强者无非两条道路:一条征服世界;另一条征服女人。在历史上,有多少男人死于征服世界,就有多少男人死于征服女人。因为,这两条道路实际上殊途同归。征服女人需要魅力、精力、体力以及一定的物质基础,征服世界也是一样!只不过,一个男人如果是通过征服女人而征服世界,似乎不那么光彩,但即使这样,也比那些因为无力征服世界,而一天到晚总在征服女人的男人强。下面还是言归正传,来谈谈男人征服

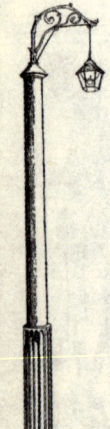

女人都有哪些方式。男人征服女人的方式大概可分为两种：第一种是情感征服；第二种是非感情征服。

### 情感征服

情感征服是所有女人都乐意接受的征服方式，而且这种方式能让男人感受到最大的征服乐趣。男人善于思考和分析，所以男人要完成任何一件事都是要通过大脑的思维。聪明的男人善于寻找有"共同语言"的对话形式去感化女人，使女人在和他的交谈中，逐渐将与生俱来的防卫系统自动关闭，并对他逐渐产生亲密无间的信任感。这种谈话的接触无异于给女人编织了一张情网，让女人心悦诚服地往网里"钻"。

男人与女人的相处当中，男人通常扮演主动的角色。男人会根据所相处女人性格的制定相应的与之配套的感化方案，既动之以情，又晓之以理，而且会不惜一切代价地动用非常规手段。

男人要在感情上征服女人，他是不会吝于大胆地发誓，用生命等无价之宝来为自己的诚恳作证，因为最容易打动女人的就是誓言。但如果这个男人不是专业演员的话，其誓言就必须是发自内心的，而不是为了虚情假意而装出来的。男人演戏的天分毕竟不如女人高超，而且很容易被聪明的女人一眼看穿。男人一旦被女人看穿其虚假的一面，那么他在她面前曾经付出的一切努力就前功尽弃了。

### 非感情征服

非感情征服是男人征服女人的一种消极手段，其征服的对象也有一定的局限性。男人要征服女人，往往是出于某种欲望需要。所以，一旦男人征服女人的意念战胜理性，也就毫无感情可言，这类男人征服女人的方式充其量不外乎金钱和暴力两种。

对稍有理智和头脑的女性来说，以金钱作诱饵是对她人格的一种羞辱，以暴力强人所难只会促使其以暴制暴，所以用金钱或暴力以期望达到征服她们的目的是不可能如愿以偿的。

当今社会爱慕虚荣的女孩比比皆是，男人用金钱征服女性的战果

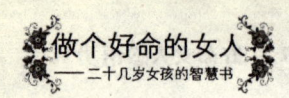

还是颇丰。只是长期以金钱的形式来征服女人的男人，不免会陷入无法摆脱的痛苦之中，发出"问世间情为何物，直叫人用金钱来买"的无奈慨叹。于是，在他们眼里以为有钱什么都可以买。一旦他们看上哪个女人并想拥有她时，就用金钱来征服对方的虚荣心，以至于最后金钱买来了"性"福，却不知道什么才是真正的幸福。

  一个聪明的女人在跟自己心爱的男人打交道时，应该懂得去激发他的征服欲，保持自己的神秘感，刺激对方的好奇心，让他对你的热情持续升温，所谓欲拒还迎、若即若离，不妨制造出一定的距离和空间，给他某种不确定感。当一个男人遇到你这样的女孩时，我可以很负责任地说："这个男人死定了"。

  男人就是这样，太容易到手的东西不会珍惜，对无法拥有的却魂牵梦萦（可以理解成犯贱）。得不到偏要得到，不惜撞一头的包。这种游戏能让男人始终充满激情和追逐的快感，就像玩网游一样只为被朋友夸耀一句"牛B"，就像奥特曼一样不停地打小野兽。

  假如一个男人用了所有的浪漫、感动、真情告白依然没有什么进展，他就更加急不可耐。欲望完全攫取了他的心，也使他对自己所追求的东西产生更丰富的联想，如果是心灵脆弱的男人就会选择退缩。

  男人追到了一个女人就像攻下了一座城堡，他会满足吗？显然不会，他会喘息片刻，向着下一个目标继续进发。很多女人抱怨男人婚后对她不如婚前那样浪漫、那样体贴、那样温柔，那是因为男人把你娶回家，感觉就是大功告成。他与生俱来的征服欲提醒他征服完女人，该去征服世界。所以结了婚的男人开始转移视线，他要在社会上继续实现他的人生价值。一旦其创造了巨大的价值，那么他是否会退化成非感情征服者那就不得而知了。

  那么，一个女人如何防止丈夫在婚后征服世界的过程中继续征服别的女人呢？唯一的办法就是在婚前时不时给他留点神秘感，让他不要像看一杯白开水一样一眼看透你，婚后还要不断地给他新鲜感，让他觉得你像商场里的时装一样常变常新，这样他才不会毫无原则地到处去释放他的征服欲。

### 哲思小语

如果你不理解一个男人的征服欲,那么你就根本不理解男人。男人爱女人有很多方式,但总有一种叫征服;女人吸引男人也有很多方式,但最有效的莫过于激起他的征服欲。

## 不在沉默中爆发,就在沉默中吵架

压力来临时,女人喜欢滔滔不绝,希望地球人都知道她现在压力很大。而男人常沉默以对,这是借机逃避,还是养精蓄锐?作为他最亲密的爱人,你是否遭到此类冷遇?你是否考虑过,有时男人保持沉默真的是无话可说吗?

很多女人都搞不懂一件事。无论是热恋阶段,还是新婚时期的那个男人,他的语言细胞曾经是多么的发达:一个小时前他见你口若悬河地诉说相思,一个小时后再见你依然滔滔不绝地表达着爱恋,哪怕在你头上飘落下一片树叶,他会像诗人一般声情并茂感慨万千。如今,这是怎么了?结婚才几年啊,他竟成了"闷罐子"。

那么,男人沉默的背后究竟意味着什么呢?英国社会学家马克经过调查发现:男人每天的说话量是女人的一半。但男人们也大多用于朋友、工作中,而与爱人的语言交流,每天可能不足15分钟,用词量不超过10%。

其实，男人有很多缄默的方法，每一种都可能是一次推心置腹的心灵对话的开始。前提是你要知道他们是因何而沉默，其沉默是想表达什么，然后采取相应的对策。

**用沉默来抗议絮叨**

女人天生喜欢用语言沟通的方式来建立联系，沟通感情，在家里则喜欢通过絮叨来表达对男人的关心，显示自己的领导地位。

男人则迥然不同，无论他婚前多么能说会道、口吐莲花，婚后的男人更愿意具有很强目的性地交谈，比如"今晚我想和你一起出去吃饭"、"我要开会了"。然而，女人受不了了，男人越是这样，女人越是会想起两人曾经激情燃烧的岁月，回忆起男人追她时每天的千言万语，于是展开对丈夫深刻而震撼心灵的精神批判。

男人这时候往往比女人更理性，面对女人的絮叨，他不会直接反驳——那无疑是火上浇油；他也不会粗暴呵斥——那无疑是事倍功半的困兽犹斗。

许多男人习惯选择沉默，一方面是用沉默来表达自己当时的情绪、思想和态度，另一方面就是故意以沉默来进行无声的抗议，女人会为此感到特别受伤。对此，女人往往会说"他们没有感情"，这其实是一个误解。婚后的男人更习惯于用心去交流他们的情感和爱意。女人絮叨得越厉害，男人会离你越远，虽然他沉默不语，但心里已竖起一道"防护墙"。

**用沉默来调理身心**

男孩从小就接受征服世界、顶天立地、承担责任之类的"脊梁"教育。

当他们成人后，无论面对多么无奈的疲惫，多么艰难的挫折，多么残酷的打击，多么沉重的负担，多么巨大的压力……他们都不能像女人那样可以通过哭来宣泄，通过眼泪冲刷，通过倾诉排遣。他们唯一能做的，只有沉默。在沉默中反思，在沉默中调理，在沉默中蓄势，在沉默中舔吮伤口。

因此，当男人拖着沉重的脚步回到家，当他坐在沙发上一言不发，当他对你的话语置若罔闻时，你千万不要颐指气使、无事生非、浮想联翩，甚至耳提面命。说不定，他刚刚结束一场与客户筋疲力尽的谈话，或者正面临人生事业的选择，备感困顿疲乏。这时，他沉默是为了休养生息，是为在沉默中获得新生。这时你不妨给他一个小时的时间，让他和白天的工作彻底说"再见"，之后，他可能会对你的任何问题表现出惊人的兴趣。

这里特别提醒一点，当男人身心疲惫时，如果他还有兴趣看电视，那么千万不要在他看新闻联播时关掉电视机，然后关切地说："累了，就早点休息吧，还看什么电视呢！"须知，事业型的男人大都对政治比较关心，你这种"关心呵护"只能适得其反。但你可以在广告的空当中，适量插入点安慰的话。

### 用沉默来保护私密

有时，男人会在紧急情况下编个谎言，有时则会想尽办法隐瞒些什么，好比前天晚上应酬时喝了几瓶啤酒，出差途中发生了一段艳遇，刚拿了一笔额外奖金等等。男人的设想是，只要自己不说，女人没发觉，一切就会很简单。而有时，男人的沉默是另一种隐瞒。他可能认为女人过于专制，干涉了他的自由和权利，以至于影响了他的日常生活。所以，为了防止女人打破砂锅问到底，防止她对他的控制和监督，他就选择了沉默。没有了蛛丝马迹的追寻，他的世界就可以清净很多。

在夫妻双方的交流过程中，如果产生了什么禁忌的问题，那么彼此的感情危机就多了几分可能。比如，当你反复地与他讨论近来的性

欲强弱问题、感情冷淡问题、忠诚问题、奖金问题等等时，他心里明镜似的，知道言多必失的厉害，但他更知道不能把这种反感说出来，神情中更不能流露出来，于是，他便用沉默来防患未然。

男人总是很小心，并尽可能避免暴露自己的弱点，尤其是在出现危机的情况下，男人会极度自我封闭。如果女人在这个时候唠叨不休，男人会更加生气。而对于过去的恋情、性等敏感话题，男人往往出于善意而沉默，因为男人也需要安全感，希望取得保障，梦想在女人面前展现最完美的自己。

 **用沉默来运筹帷幄**

你常常会发现自己熟悉的那个男人，说着笑着，突然沉默起来；家里来朋友正热闹着，他却坐在沙发上发呆；你热情洋溢地向他抛过去一串话，他竟毫无知觉。

其实这个时候，沉默发呆只是男人的外表神情，说不定他的头脑里正想什么稀奇古怪的点子，或在思考某些古怪的问题，或者什么事触发了他的灵感。在他进入沉默的思索状态时，那是一种类似于"闭关修炼"的境界。

他们不希望任何人把他从思索的状态中拉出来，更不希望有人打断或扰乱他在沉默中的"修炼"。如果这时，你忍不住好奇或者关心，向他提这样或那样的问题，比如，你正在想什么，说出来我帮你参谋参谋？或者你有什么话要说啊？你听到我的问话了吗？无异于自讨没趣。

在男人们看来，这时候所有关心的、体贴的、善意的、好奇的问话，全如嗡嗡飞舞的苍蝇一样，扰人清净。这时，你就不妨当一个默默无语的随从。而你适时提供的轻松氛围，不仅会使他的沉默时间大大缩短，而且会让他对你感激不已。

 **用沉默来伪装**

男人的世界充满竞争，时刻充斥着假面具和算计。男人的生存面临着女人无法想象的残酷挑战，孤独在所难免。而女人会觉得，男人

的心里一定藏着很多秘密，于是，好奇心促使其不断推进挖掘的深度。但要让一个男人在沉默时敞开心扉，首先是要给他一种安全感，即你在任何时候，都不会利用他的弱点。你可以利用女性的那种热情来抚慰他。你也可以安安静静地听他叙述，尽可能客观评价，并和他一起寻求解决方法。

其实，男人有潜在的自大倾向，只要他有足够的观众，他就会表现得极有魅力、健谈，并充满兴趣。所以，要缓和彼此的冰冻气氛，你可以考虑和他一起去酒吧或者茶馆。因为在那里，他可以找到使他兴奋的公众。要么就和别人一起做点事，比如约人一起看电视、逛街，当他发觉本该属于自己的地位受到威胁之后，他肯定会主动来找你破解僵局。

因为他们是男人，所以身受伤痛时，定是咬紧牙关、以沉默替代呻吟；因为他们是男人，所以面对挫折打击时，定是凝目深思、以沉默替代抱怨；因为他们是男人，所以听到尖言利语时，定是眉头紧锁、以沉默替代反驳；因为他们是男人，所以在向事业之巅拼搏时，以沉默替代解说；因为他们是男人，所以在成功之后，以沉默表达内心的喜悦；因为他们是男人，所以报之失败以沉默，坚毅地承受着撞击。

**哲思小语**

当一个男人沉默的时候，女人越跟他们谈话，他们沉默得就越久。一般而言，男人突然沉默，通常是受了创伤或压力，他想独自解决问题，女人此时若用自己的方法支持他，反而会取得相反的效果，甚至引起争吵和引发婚姻的危机。

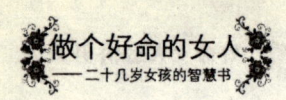

##  男人是永远长不大的孩子

上苍造就了男人和女人,并给了他们不同的分工与责任。古时候,女人在家相夫教子,男人去赚钱养家糊口。而如今,随着女人地位的攀升,男人女人的分工与责任也就没有那么明确了。

男人有时候就像是个孩子。每天也许天没亮,男人就要出去工作,无论他们的工作是好还是坏,他们都在努力打拼着,他们要思考如何去面对客户,面对领导,面对家人,面对朋友,面对爱人。所以他们要用不同的角色去证明自己的成功,女人们只需要享受男人给予的一切。

在强大的压力与责任下,男人会很累很累。女人天生就有母性的一面,她们心疼男人,所以她们宽容男人,理解男人。也许女人不需要太多的话语,只给对方一个拥抱,暖暖的拥抱,他们就会像个孩子一样乖乖地躺在你的怀里,因为他知道,只有这个女人才是和他厮守终身的人,只有这个女人才能在家一直等待他的归来。

所以,在男人和女人的世界里,男人就是个孩子,他喜欢玩就让他尽情地玩吧,等有一天,他累了,他会找到回家的路。而女人,更多母性的一面则体现在等一个贪玩的孩子回家,无论多久,无论多晚,她都会没有埋怨地等待着这个贪玩的孩子。无论男人犯了什么样的错误,只要回到家里,女人都会原谅。

用看孩子的眼光看男人，并不是说男人是弱小或幼稚的，事实上如果只拿弱小和幼稚去看孩子也是不正确的，孩子们只是外表柔弱，见识少，但他们有时远比我们想象的坚强和勇敢。男人们外表很强大，但有时同样会脆弱。我们每个人其实都是小孩，只不过很多女人在做了母亲以后会更像一个大人，所以就显得男人更像小孩一点。

男人天生爱撒谎，这跟小孩子也极其相似。孩子的说谎问题，据说那是因为他对这个世界的认识还较片面，所以就会经常将他认识到的不同东西串到一起，以至于会让人觉得他是在撒谎。只不过男人们爱说谎是出于何种原因还没有一个科学的解释。

男人渴望被人关注、被人爱，一如孩子希望被人关注、被人爱一样。他们有时甚至都会为了引起关注不惜搞破坏，直到被人关注。有时坏男人更易受人关注，可能也就如同行为怪异的小孩容易被大人关注一样。而那些好男人则如那些乖孩子一般，因为让人觉得放心，所以关注程度反而低了。

男人渴望关注，但通常又讨厌被束缚，这也如小孩希望自由一样。但这个自由可能只是想偶尔逃离而不是从此再无人关注。就像小孩子总是想逃离父母的视线，但一旦离开久了却又会很害怕而渴望回去。经常会发现很多男人其实只是喜欢偷情却不会真的想离婚，也许他只是想在外面玩玩，玩够了还是想回去的。只不过妻子不一定会像父母般宽厚而让他重新回头而已。

男人天生都很自大，就如每个孩子都会说他是最聪明的人一样。男人的自以为是和固执己见也像极了孩子，他们总是以为自己是对的，不肯轻易接受别人的建议。而男人们也经常明知自己犯错误了也死不承认！

对于男人的错误有时也如对孩子的错误一般，你如果一味纵容可能就会将他宠坏从而让你自己自食恶果。但有一点可能是不一样的，即如果你坚决不纵容他们的错误，孩子一般还会留在你身边，但男人却不一定。

男人也像孩子一样爱忌妒。孩子通常对父母去爱别的小孩是充满

忌妒的,他总是想独占父母的爱,这有如男人对他身边女人的占有欲一样,自私而不讲理。

男人对女人的态度很多时候就像小孩对玩具的态度。孩子总是被一些新奇、外表好看的玩具吸引,而男人通常也会被那些有个性、外表迷人的女人吸引。

孩子总是想要更多的玩具,男人的理想也通常是得到更多的女人。孩子对玩具的忠诚度通常都很低,除非他只能有一件玩具,而男人们除非条件限制,一般也是少有自愿忠诚的。就算对那些曾经特别喜欢特别费心得来的玩具,小孩子也不一定就会对它格外珍惜。由此推论倒也不难理解为什么有些男人会花很多金钱和精力去追一个女人,但追到手之后却并不在乎和珍惜了。他们要的可能只是得到那一瞬间的快感和初时的新鲜感,而并没有想过得到以后应该怎么样。再延伸一下,对小孩子来说,那些没有得到手的玩具总是会让他们念念不忘,而那些没得到的女人也常会让男人念念不忘。

教育出一个好男人也会如教育出一个好孩子一样让女人充满成就感和幸福感,但教育的前提是女人要明白当一个男人表现出孩子气时意味着什么?

###  孩子气,意味着男人在解压

大多数男人希望娶个温柔贤惠的妻子,作为他们事业上坚强的后盾,和生活中的温柔港湾。傍晚,当他完成了一天的工作,撕下白天一本正经的面具,躺在床上,他会像个超级宝宝那样,向你撒撒娇,耍个赖。这个时候,你可千万别把他当做"讨人嫌的麻烦孩子",很反感地把他推向一边。其实,男人施展孩子气的状态便是他最想放松自己的时候。如果你对他稍有不屑,他便会感到很受冷落。由于男人在平日里工作压力大,他们希望自己能以一种简简单单的方式让自己高速运转的生活节奏放慢,变得轻松一些,甚至无忧无虑。所以他们潜意识里是渴望爱人能够关心自己的,他们希望寻找到一种强烈的归属感觉,甚至是那种回复到童年时代的自然状态。所以,你会发现,男人比

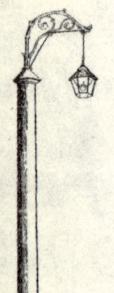

第三章 好命女人感悟男人

女人更迷恋游戏。

面对男人的这种解压方式，相信有不少女人几多苦恼几多愁，但是如果你理解他，就别再火上浇油，别在他施展孩子本性的时候对他说："别理我，烦着呢！"甚至是"你能不能别这么无聊，你是男人"天哪，要知道，这个时候的斥责对他来说可是一种加倍的伤害，他不希望你觉得他的孩子气是软弱，他也不会认为自己撒娇就是无能，他不过是想放松一下。所以，这个时候，爱他的女人应该珍惜这个机会，尝试着去抚慰他的心灵，帮他缓解压力，甚至陪他玩一会儿，让你们一起回到童年，聊聊天，打打游戏，事实上，在你帮他放松的同时，不是自己也得到了有效的解压吗？

### 撒娇，对母亲的依恋

结婚实际上就是一位老女人把他的儿子交给一个小女人去管理的一件事。这听上去确实令人对婚姻的现实性感到无味，难道嫁给他以后的角色不是妻子而是母亲吗？我要去照顾他吗？那他为什么不能像父亲一样疼爱我呢？是的，结婚后的女人真的是要有母爱的表现，我是说对你深爱的这个男人。当然，这并不表示你真的像他妈妈那样照顾他，而是你要充分发挥女性自身特质中的母性温情。而当他整个人扎进你怀里的时候，他反而就像个弱小的孩子在寻找你的庇护，他希望在你身上体会到女人最原始的母性味道，那会使他感觉内心平静和安逸，尤其是能让他感觉到被爱。可以说，大多数男人都有恋母情结，并把这种情结在婚姻中继续。"撒娇"也就是男人对母体的依恋。当男人感到疲倦的时候，你如果给他一个最温情的亲吻，是的，不是调情的那种热吻，而是那种心怀宽容的轻吻，让他感觉到被爱的温

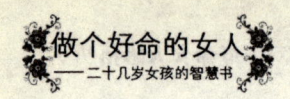

暖,让他在示弱的时候获得力量,相信他会给予你更多的爱与感激。

男人的孩子气虽然情有可原,但不能娇惯成性。当一个男人把自己的孩子气当做致命武器来对付你的时候,你千万不能姑息,否则会让你陷入被动,甚至会将你逐步推向爱的底线。要你了解男人的孩子气,就是要你明白,在某些时候,你要用理性的心态给予他感性的情感,而不是用感性的付出冲垮理性的原则,纵容永远是不可取的,过分的迁就也永远不是真正的关爱。

生活中你的男友是不是会像孩子那样,冷不防朝你撒个娇,使个小性子,让你猝不及防地被他的异常表现"命中",自己在不知所措中慌乱或烦躁,甚至可能背脊发寒。其实,这都是女人过度紧张的表现,全然是由于自己不了解男人的这一怪癖。事实上,如果你能用心体会男人的这种异常反应,你将能够把握住这个"调情"时刻,从而令他爱你至极。

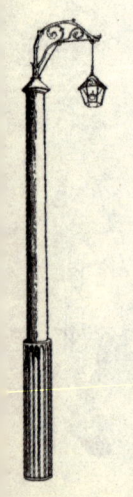

# 第四章
## 好命女人的恋爱智慧

　　女孩们在感叹:好男人越来越少了,就像人家说的十个男人九个坏。其实,恋爱就是一场战斗,不过是两个人的战斗,出招、接招、再出招、再接招,反反复复。的确如此,而我们要做的,就是立志打赢这场战斗,以最漂亮的手段征服男人。既然是战斗,那么总是需要武器和战术的。那请看本章中为女孩们准备的武器和战术,让你变成聪明的恋爱女王。

 **人生三难题:思,相思,单相思**

单相思有时也会体验到一些快乐,但更多的是情感上的痛苦。因为单相思是一方倾情而得不到对方的响应,感受不到对方爱意的温馨。

单相思就是你喜欢一个人,但不知道对方喜欢不喜欢你,只是你自己单方面有这种想法。单相思是一种进入爱情前的准备阶段,但是也很有可能完全停留在这样的状态之中而停滞不前。单相思是一件痛苦同时又让人暗自欣喜的事情,一厢情愿地付出而没有收获时常会让人烦恼,而得到相对回应的时候却让人禁不住偷偷地傻笑。

虽说相思无用,但单相思却几乎是所有成年人的必然经历,是人们在青春期时一种对异性的正常感觉。过分的单相思会导致严重的内分泌失调,更为严重的会导致心理失衡从而转变成为相思病。通常,十几岁的女孩是相思病的高发期,但如果单相思发生在二十几岁的女孩身上,那么就要三思而后行了。

阿月大学毕业后去了一家小公司做文职,于是认识了同事小于。小于是一个英俊帅气的小伙子,是阿月一直以来所欣赏的类型。在接触了一段时间后,她的那种迷恋的感觉有增无减,以至于她的荷尔蒙已经肆无忌惮地在办公室里飞舞,常常想念他。工作、吃饭都盼望能看见他。有时在路上偶然遇见,小于看她一眼,阿月都会激动不已。直到有一天,小于领着一个年轻漂亮的女孩向同事们介绍说,"这是我

# 第四章 好命女人的恋爱智慧

女朋友,准备'五一'举办婚礼,届时邀请大家光临。"这一刻,阿月的心情顿时从天堂跌到地狱,觉得自己受到了沉重的打击。此后,她陷入了不能自拔的苦恼之中,好像只有一死才能彻底解脱。最后,她辞掉了工作,希望用新的生活冲淡难以释怀的相思之苦。

单相思者总是一厢情愿,全然不顾对方的感受,颇像自恋型人格的某些特征。米切尔的《飘》描述了美丽少女斯佳丽的单相思。斯佳丽爱上了希礼,可她从未向希礼主动表示过,而只是迷醉在自己的幻想中,等待希礼来向她求婚。从希礼的一言一行她主观地推断希礼是爱她的,可事实上这个推断完全错了。斯佳丽的单相思在这错误的推断下愈演愈烈,直至希礼即将与玫兰妮结婚,斯佳丽仍想入非非地认为,自己有权把希礼抢过来。

单相思是一种正常的爱情心理,而且单相思大多"寿命"不长。据不太可靠的统计,平均每次单相思的持续时间仅为 36 天,可以说十分"短命"。单相思十有八九是热烈、纯洁、永世难忘的,但有些人在陷入单相思后,把自己淹没在苦海里不能自拔。这种过分的单相思会导致严重的心理失衡。如果这种心理问题不能及时得到疏导,很有可能酿成悲剧。

单相思患者喜欢沉迷于幻想之中,他们在恋爱中较少采取切实有效的行动。如果你已经是情陷单相思的女孩,建议你采用下列方法进行自我矫正。

### 话聊

如果你已被单相思折磨得万分痛苦,最简捷和最安全的选择就是将心事告诉你的闺密。你会发现你的朋友会帮你出谋划策,甚至告诉你她的单相思故事,你的倾诉完全有可能换来意外的收获。这样,你会感到自己在相思路上并不寂寞。不管你朋友的谋划对你的"爱情"有没有帮助,但是能倾吐一下心中所淤积的爱意,把自己的焦虑和忧愁与朋友分担,你会有如释重负的感觉。朋友的劝导、安慰会在你的内心自然构起一个新的兴奋点,你的感情也会向这个新的兴奋点分流。

### 运动

陷入单相思的女孩可以选择参加感兴趣的运动。运动能够消耗部分淤积于内心的能量,从而使人意气风发、情绪高昂,获得自信,还会让自己的身材更火辣,也许会让好多臭男人陷入对你的单相思之中。

### 告白

如果你处在单相思的窘境之中,向意中人表达爱慕之情是摆脱单相思的最直接方式。一般来说,单相思者的意中人多是出类拔萃者,所以我们可以推想他们大多是理智之人。当你向其直接表达爱慕之情后,无非是出现以下四种结果:(1)接受,(2)劝慰,(3)拒绝,(4)漠视。

如果他接受你的爱当然是最好。如果他找出种种缘由劝慰你放弃对他的爱,你就应明白你们今生无缘,但交个普通朋友他是不会拒绝的。如果他拒绝了你,你可以大哭一场,或大闹一场,这对你来说也是人生必经的一次磨炼和情感体验。美梦惊醒的那一瞬间虽然痛苦,但你很快会发现这并非世界末日,吸引你的事情还会不断地出现。如果他漠视了你,你应该对自己说:"他根本不懂得爱,一个完美的人怎么可能对别人的爱慕无动于衷呢?"你尝试用批评的眼光去审视你的崇拜对象时,你会发现这是一种非常有趣而且有益的体验。

**哲思小语**

总有那样的一个人,他坐在教室的一角,你却始终偷偷注视着他!总有那样的一个人,你很想发信息给他,却总是手颤抖着不知道说什么才好!总有那样的一个人,你深深地暗恋着他,却始终默默地埋在心底!总有那样的一个人,你暗暗地注意他,默默地关心他,偷偷地喜欢他!

第四章 好命女人的恋爱智慧

 **主动的女孩更令人心动**

中国有句俗语："男追女隔重山,女追男隔层纸。"这样看来,女追男应该要容易得多。可事实上,男人愿意为心爱的女人跋山涉水,而女人纵使爱得死去活来也不愿主动去捅破那层窗户纸。

有些女孩怯生生地发问,"如果自己太主动会不会吓跑男生?"同样很多男孩子也有同样的困扰,他们也不敢追女生,怕自己一开口就会被拒绝,追了半天又被挫。这是多么残酷、弱肉强食的单身市场啊!所以女孩遇到自己喜欢的人,要不要主动追?我支持女孩要主动,都已经21世纪了,女孩还要矜持到什么时候?遇到喜欢的人,当然要主动把握机会,不要让青春留下遗憾。

小霞凭借高中时候的疯狂努力考上了一所非常不错的大学。由于高中时学习比较忙,再加上家里和学校的高压政策,也就一直没有谈恋爱。上大学后,好好谈一场恋爱的想法占据了小霞半个心灵世界。李强是她的同班同学,风度翩翩,人品也好,还热爱体育、文学。小霞和李强兴趣相同,很合得来,两人经常一起学习、吃饭,走得非常近。渐渐地,小霞发现自己爱上了李强,她也知道李强没有意中人。

但小霞一直不敢向他表白,她期望李强能洞察她的心,对她主动展开攻势。大一很快过去了,可惜李强的知觉有些"迟钝",也许是缺乏勇气的缘故。转眼到了大二的下半学期,只有小说中有的情节出现

了，李强在一次学校舞会上认识了一位长相酷似小霞的女孩毓儿。与小霞不同，毓儿性格爽朗明快，并且疯狂地喜欢上了李强，她对其频频发动爱情攻势，很快李强就这样拜倒在了她的石榴裙下。当有一天，小霞在校园里看见李强牵着一个女孩手的时候，小霞惊呆了，她的眼泪夺眶而出。

善于追求幸福的女孩，更有能力把握自己的未来。只要你是真心喜欢，就该趁着自己正年轻而主动出击。要知道，缘分来之不易，聪明的女孩子要学会该出手时就出手，不要错失大好时机。到时候给人家捷足先登了，连哭都找不到肩膀了。

当然，女孩主动也要讲究方法，一味穷追猛打只会让男人逃之夭夭，诸如写肉麻的情书、送玫瑰花、在大街上拉横幅（横幅上写"×××，我爱你"）、送贵重的礼物、每天守在对方公司楼下或家门口……这些是男追女行之有效的狠招，如果用在女追男上则会制造出绯闻，还很可能成为新闻，多少有些不合时宜。中国的国情历来以女人含蓄为美，因此女孩应该是主动中带着委婉，委婉中带有一点野蛮，正如一位香港作家所说的，"女人的追求其实只是用行动告诉这个男人，请你追求我！意思是拉开架势，垂下鱼线，愿者上钩而已"。

### 女追男遵循的原则

首先，知己知彼。在女孩实施追求的计划和行动之前，一定要对对方的情况有详细的了解。最好在其身边的朋友中安插你的卧底，这样获得的第一手信息是非常可靠和宝贵的。

其次，明示不如暗示。女人的主动，还是采取暗示为上策。明示有很大的缺点，如果太直接了，受的伤害可能也很直接。

再次,不能投怀送抱。千万不要有"我和你上了床,我就是你的人了"这种最傻的想法。女孩本来就特别感性,一旦爱上一个人,就会不管不顾、大义凛然。因此,很多女孩就会在语言或行为当中,用身体表现出一种暧昧,这样很容易使男孩就范。但最终结果得到的往往是这样一句话:"是你自己送上门来的。"

最后,追求应该设置一个底线。无论暗示还是明示,最多给自己三个月时间。如果在这期间,他不能如你对他那样好,不能说出我爱你这三个沉甸甸的字,不能把你作为恋人介绍给他的朋友。事实上他已经拒绝了你的爱情,只是在无条件享受你所给予的好,这时你不如主动把爱说清楚,不管结果是哪个答案,至少自己可以宽心,不会继续痛苦或忐忑不安。还有,不要因为一次表白被拒绝,就失去了再次表白的勇气。任何时候都要相信自己,只要你对爱有信心,幸福一定会跟着来。

**女追男秘籍**

短信是女追男首选,貌似随意,却可以打持久战,即使被拒绝也不显得尴尬。只要把握似是而非的原则。短信内容自己创作并不难,也可转发暧昧指数更高的短信,男人很吃这一套。

在短信中表示对他恰到好处的关心,给他一种自我良好的感觉。如果从第一条短信开始就暧昧,你则容易成为被男人占便宜的三流追求者。在未探明他的态度之前,最安全的短信内容是对他表示礼貌而恰当的关心,倘若他对你印象不坏,一定会心知肚明。

短信也可以小女人般地"示弱",如"头痛""不舒服"之类,激发他的怜爱之心,并通过他的回复略知他对你的好感程度。

当女孩主动出击,一星期约人家三次的时候,真可谓死缠烂打。不过只要找到合情合理的理由,并在约会时保持矜持与可爱,让他觉得——这是个可爱的女孩,对我也挺有意思的,我是不是应该追求她?当你主动几次后见好就收,无论如何他都会想——人家女孩子主动几次了,于公于私、于情于理,我都应该主动一下。

当双方关系已经升温到男方主动请你吃饭的地步。为了让关系进一步拉近,就要在吃饭这件事上,耍点小花招。在饭前要对他有两点暗示:

1. 有很多人想跟我一起吃饭,我的人缘很不错。
2. 我推掉了别人,说明我重视你。

###  识破男人的委婉

美国一项社会调查资料显示,面对追求自己的女性,男性有勇气或者愿意直接拒绝的只有7%,也就是说93%的男性会与对自己示好的女性暧昧不清。然而,其中只有36%的人会最终真正爱上她们。剩余64%"调戏"了女性情感的家伙根本不承认自己态度不清,他们会说,"我不忍心伤害她,所以拒绝得很委婉"。

识破男人委婉的拒绝与为自己设置底线,都是确保你不将大好光阴浪费在一个糟糕男人身上的良方。男人五大经典拒绝借口:

1. 你是一个好女孩,应该找个比我更好的。
2. 再给我点时间,我想好好考虑一下。
3. 我想跟你在一起,但是怕将来某天不得已分手了,大家连朋友都做不了。
4. 我还无法从前段恋情中完全解脱出来,不如我们先做好朋友。
5. 别开玩笑了,咱一直都是朋友嘛!

女孩做事不要拖泥带水,要率性而为敢爱敢恨。暧昧的感情就好像海市蜃楼,看上去很美,但最终受伤的还是自己。暧昧中比较投入的那个人,很多时候都是在跟自己的想象谈恋爱。如果他跟你玩暧昧,而你又难以抽身自拔,那么最好的抽身办法就是主动表白,投石问路。

第四章　好命女人的恋爱智慧

## 爱情，不需要用"献身"来证明

　　痴情的女孩往往十分珍视感情的付出，但也十分幼稚。她们有的生怕对方变心，为了拴牢对方以身相许，而结果大多是造成自身的不幸。

　　恋爱中的女孩特别喜爱扮演牺牲奉献的角色，虽然对未来也充满了恐慌，但在男友"爱我就该全部都给我"的反复要求下，同意用身体去奉献，以为"性"可以改善爱情。这种女孩，往往是因为太在乎对方，担心会被抛弃，于是"奋不顾身"了。可通常的结果，是她们真的"给了"，却造成了自身的不幸。如果对方是为了玩弄你，那么目的达到以后，他很快就会另觅新欢；如果对方也是爱着你的，那么你轻率的行为，反而会使对方不再那么尊重你，有的甚至会发生猜疑：你既然那么容易"献身"于我，那么会不会也轻易地"献身"于他人呢？

　　小蓉是一所重点大学的本科生，学习成绩优异，人长得也标致，并因能力突出被选为学生会干部。没多久，小蓉与一位男同学坠入爱河。两人相处一段时间后，其男友也开始变得"性"趣盎然，多次提出要发生性关系的要求，但都被小蓉理性地拒绝了。

　　后来，男友不知道听了哪位高人指点后说小蓉不愿意把自己交给他，是因为不够爱他，于是小蓉的男友渐渐地和她若即若离。小蓉是真心地爱她的男友，也为向男友表明其心迹，便答应了男友的要求。有了第一次，便会有第二次。此后，两人多次在无安全措施的情况下

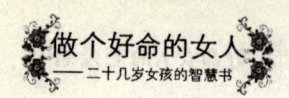

发生性行为，最后导致小蓉怀孕。

小蓉知道自己怀孕后，内心紧张、焦虑、饮食锐减、失眠，于是私吞药物企图堕胎，结果没有成功。由于妊娠反应，小蓉怀孕之事被寝室的同学知道了，这更增加了她的心理压力。她谎称有病向学校请假到一家卫生院做人工流产手术。

而更让她悲痛欲绝的是，在她做人流的这几天，男友突然人间蒸发了一样，打电话一直关机。小蓉出院后质问男友，男友的回答竟是："你社交广，朋友多，既然能与我上床，难道就不会同别人发生关系吗？"同时，寝室中一个与小蓉关系不和的女孩，将小蓉的事情报告了校里，学校得知后将小蓉做了开除的处罚。

小蓉怎么也不明白，为什么她能给的都给了，而对方却不要她了呢？其实，真正的爱情意味着极为尊重所爱者的人格，对她的终生幸福负有高度的责任感，并且互相信赖不作猜疑。以身相许与爱情是风马牛不相及的两回事，因为爱是两颗心的亲近，而不是生殖器之间的"钟情"。

除非你做好了足够的心理准备，否则最好不要在婚前英勇"献身"。婚前性行为非但不能巩固你们的爱情，而且对个人生理、心理以及日后都会带来严重的后果。一方面，婚前性行为对身体的危害是显而易见的，例如有可能染上性病，未婚先孕导致的人工流产手术等；另一方面，对心理也可能造成极大的伤害，例如因为担心怀孕、害怕得病等，使个人生活和人际关系备受压力，甚至患上严重的忧郁症。

虽然，我们这个时代已破除了封建的贞操观，不苛刻地要求女性的贞洁，但是婚前性关系会给你带来意想不到的严重后果，对于它是否会破坏文明社会的道德风尚姑且不论，但给自己身心留下的创伤，却是不能回避的现实。其实，"献身"并不是爱情的润滑剂，很可能是诱骗你上当的"迷魂汤"。如果你懂得身体是你的宝贵财富，那你就应当百般爱惜，不能轻易"献"出去。只有廉价的东西，才会随便地赠予。

以下就是男人骗女人上床的经典之作，聪明的女孩一定要对以下十句话拥有超强的抵抗力。

1. 不痛,不痛,那种感觉好奇妙,你会喜欢的!
2. 我一定会娶你,答应我,好不好?
3. 我好痛苦,真的好痛苦……
4. 我们也学××他们,做一些更令我们"快乐"的事,好吗?
5. 不要怕,这就表示我们要结婚了,做夫妻一定要这样的。
6. 如果你不要了,我随时停下来,保证不会伤害你。
7. 真爱我,就给我,天下的女人,我只要你一个。
8. 其实你心里也想的,对不对?
9. 给我个机会在你面前展现男人真正的魅力吧!
10. 我保证,这是我俩的小秘密,不会有人知道的。

处女膜作为一种不可再生资源,失去就意味着永远失去了。因此,不要轻易向男人献出你的第一次,最好的方式是拒绝婚前性行为。如果你对自己已经不是处女这个问题很在意,你可以去医院做处女膜修补手术,然后向男友永远保守这个秘密。

 ## 放得下的是曾经,放不下的是记忆

为了分手伤心欲绝大可不必,分手总是有理由的。毕竟在这个社会上,爱情有太多的牵绊,如果你不能改变什么,那么就顺应彼此的心意,让自己过得更快乐!放手并不代表什么,如果爱情成为彼此的一种

负担,就放开彼此的手,让对方自由地去寻找真正的快乐!

结束一段恋情并不可怕,相信大部分女孩都曾经遇到过,但你知道分手后该把他放在心里的什么位置吗?是念念不忘的情人、知心朋友、性伴侣,还是一个不愿再想起的人?找到答案就意味着你可以洒脱地继续上路,准备好迎接新的爱情。分手后,聪明的女孩该如何去做呢?

  **绝不能做朋友**

如果分手后,你想与你的前男友做朋友,这只能说明你还没有真正放下对方,你还不愿从对方的生活中彻底消失,所以做朋友只是你继续接近对方一个冠冕堂皇的理由。聪明的女孩,绝不会与前男友成为朋友,也不会成为敌人。因为分手后的男女彼此伤害过,不可以做朋友。因为分手前的男女彼此深爱过,不可能成敌人,所以两个人只能成为最熟悉的陌生人。

  **不能自暴自弃**

分手后,你向身边的朋友倾诉你对他的爱是如何的感天动地;你向放弃你的人哭诉,"没有你,我无法呼吸"。当爱已成往事,所有的语言与眼泪都是苍白无力的。失恋的女孩往往将自我封闭起来,每天以泪洗面,不理会周围人的关心,不再积极地去面对自己的生活。其实,离开谁,我们都可以一样过得很好。

  **不要接电话**

分手了,对方的电话就不要接了,不管是什么事情。分手后,情已欠费,爱已停机,缘分不在服务区,要换个新号码,开始自己的新生活,过去的就是过去了,再去追究也没有意思。不要为了知道为什么要分手而去接电话。因为结果已经不重要了,分手才是事实,追究也没有任何意义。

 **不要见面**

既然分手了，又何必见面呢？见面是因为两颗曾经相爱的心在彼此吸引，还是两个欲望的身体需要满足？因为曾经爱过，伤害过，见面只会让对方想起那些不快乐。分手了再见面没有任何好处，除了尴尬，没别的。爱要爱得执著，分也要分得洒脱。分手了，就优雅地离开，不要以任何借口见面，因为你要开始面对新的生活。

 **不要随便恋爱**

有句情场名言说："摆脱分手痛苦的最好办法就是开始一段新的感情。"于是，很多失恋的女孩迅速地投入新人的怀抱，一场缺少情感基础的爱情就在瞬间泛滥。其实，这样做也许会让刚刚失恋的你心里好过一点，但你有没有想到为你疗伤的人会元气大伤。这对对方很不公平，建立在不公平基础上的恋情往往也都是以分手而告终。所以再次恋爱的时候，你要想着，你做好准备了吗？你是否可以接受新感情？

 **不要找相似的**

再次恋爱不要找具有与前男友的样貌、性格等类似的新男友。因为，这样你总是在对方身上找前男友的影子，觉得对方就是自己以前的那个，这样很容易陷入比较并要求对方变成前男友。新的感情生活，只是一直在弥补以前的空缺与遗憾，可以说这是你情史的倒退，是对自己新感情的背叛，其结局也就不言而喻了。

当你已经厌倦了这个男人，厌倦了这段感情，无法忍受而只能选择分手时，如何能在分手的同时仍保持淑女风范呢？要是两人正好不谋而合，在烛光晚宴里温和道别当然是美妙的结果。然而，感情总是难得同步。想分手容易，但要分得无毒无公害，就需要相当的技术含量。分手的目的绝不仅仅是离开他，还要让他记住你的好、你们的好……这才是分手的艺术。一个完美的句号，最能充分说明你这段情感的格调。毕竟，每一段感情都是缘分，我们从中得到更多的应该是回

味而不是怨恨。所以,为了让曾经相爱的人记住的温存多一点,记住的美好多一点,不妨使用一些小技巧。

### 慎选分手地点

他情绪容易失控吗?在听到你要分手的时候会发疯吗?如果真有这种可能的话,建议你慎选分手地点。找个人多的地方谈这件事,然后脚底抹油赶快溜走。例如,在他办公楼下对他说你想分手,就算他气得想对你动粗,也会因为旁人犀利的眼光而稍加节制。

如果他是个浪漫主义者,他曾经让你有过很多美好的回忆,不妨你也借用一下男人们常用的浪漫手段。在初次约会的餐厅预约好位子,让他在柔和暧昧的烛光下等你。让服务生在半小时后为他送上你委婉但坚决的亲笔信。让他在对你的期待中失去你,让他在对初次约会的甜蜜回忆中失去你。听着虽然有点残忍,但女人就要对男人狠一点!

### 利用特殊的时机

选择一个对你们有特殊意义的日子,或者去一个比较特殊的地方。以地点或时间的特殊性为引子,以回忆过去的美好为前奏,以分手的客观原因分析为正文,以分手的必然性为结尾。态度要抑郁一点,在回忆中做自我陶醉状,让他在听故事的同时接受你所提出的分手之事。

### 不要说对方的坏话

提出分手时,说话技巧尤为重要,要对事不对人,分手只是对你和他关系的否定,而不是否定他本人。在保证基本属实的前提下,不说对方的坏话,不要举证对方的罪状,然后提出分手,要给对方一种"你很好,只是我们彼此不适合"的错觉。记住:越到分手的时候越要肯定他的好,一个在分手时还想着保全男人面子的女人,对任何一个男人来说都是宝。

 **表现出你的体贴**

尽管分手是你主动提出的,但是你还要表现出体贴,甚至比你们热恋时更煽情。叮嘱他早上要吃早饭,平时少抽点烟,酒后不要开车,西装已经熨烫好了,挂在衣柜里面……如果此时周围环境再有一点伤感的小曲调,再让你的双眼饱含着泪水就算是发挥到极致了。做这一切的目的是让他觉得失去的不是一个女友,而是一份温暖的关怀,同时勾起他对你以往温柔的回忆,使你在他心目中成为永远的最爱。

 **坚定不动摇**

坚定而不失平和,温柔并保持原则。你是来分手的,切忌在他煽情的挽留下,他这张旧船票又可以登上你的客船。出尔反尔只会让他觉得你是在以退为进地要求什么,以分手为威胁手段来"驯化"他。

如果他说愿意为你改变,怎么办?你必须稳住脚步。既然已经决定分手,就不要轻易回头。因为男人知道女人最容易滥用同情心,常常会为挽救失去的爱,开出口头支票,所以这时候的你动之以情可以,但绝不能因此动摇军心。

如果他哭了,怎么办?现在的极品男人也学会了适时地以眼泪发泄自己的情绪,用泪光点点来突破女人脆弱的心理防线。如果你想要展示你的母爱一面敞开臂弯拥他入怀,然后好好地安慰他,那么他的目的就达到了。如果你真的决定不再和他走下去,正确的做法是面对他的眼泪,告诉他自己擦干净,并且递面巾纸给他。

相信看完以上的"阴谋诡计"后,你在遇到分手那点事的时候应该可以应对自如了。该爱就爱,该忘就忘,该分就分。聪明的女孩去享受爱情吧!

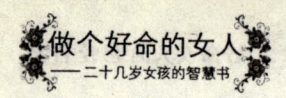

### 哲思小语

不要在沉迷于过去的感情,那只是一段往事,一段回忆,不要为了已经过去的事做傻事。分手没什么大不了,记得珍惜现在就好。骑白马的未必是王子,他可能是唐僧;带翅膀的未必是天使,他可能是鸟人;失恋也未必是痛苦的,它可能是另一段缘分的开端。

## 金钱买不来爱情,爱情也不能替代金钱

金钱在你的爱情中有多重?这是一个错误的命题。因为,这是没法简单比较的两个不同的领域。一个属于物质领域,一个属于精神领域。物价虽很贵,爱情价更高。

爱情是什么?每个人都有不同的理解。哲学家有哲学家的描述,诗人有诗人的表达。如果你爱一个人,而对方不爱你,那是单相思,不要误解为爱情。爱是相互的倾慕,相互的吸引,相互的依赖,相互的思念,相互的信任,相互的支持,从肉体的吸引到灵魂的吸引。

很久以前,上帝觉得亚当一个人孤独,要为他造一个伴侣,就让他睡了,取了他的一根肋骨,造了一个夏娃。亚当说:"这是我骨中的骨,肉中的肉,我叫她女人。"这就是婚姻与爱情的来历。男人如果疼这个女人,就像疼他的肋骨,女人如果觉得这个男人就是她灵魂的归宿和

## 第四章 好命女人的恋爱智慧

终生的依靠，那么他们就找到了真爱。

当然，爱情的终极目标是走进被人们称为爱情坟墓的婚姻。于是，嫁个有钱人与嫁给最爱的人之间有了一点小小的摩擦。因为有钱人未必是自己爱的人，而自己爱的人未必就是有钱人。从目前社会风气来看，嫁个有钱人的口号在年轻的女孩们当中口耳相传、奔走相告，已成了二十几岁女孩的恋爱箴言。当然，嫁个有钱人没错，因为浪漫是每个女人的致命伤，而一切拿得出手的浪漫氛围都是靠金钱砸出来的。

如果一个男人没有足够实力为你做这一切，你就必须付出自己的花样年华和他一道打拼。每天一早匆匆起床，冒着被人占便宜的风险挤公车上班，眼睁睁看着嫁了钻石王老五的同龄女孩香车宝马出入高级场所，谁的心里也难免会失去平衡。

文华算得上才貌双全，在大学毕业后拥有了一份相当不错的工作。大学时的男友，也随着毕业后的去向不同而劳燕分飞。从那一刻起，文华对所谓的爱情已经失去了信心，金钱的神通广大倒是令其信服。于是从毕业的那天起，文华便明确要求未来老公身家必须过千万。为实现这一"人生理想"，她开始对自己进行投资，买高级的化妆品，用最时尚的衣服来装扮自己，去参加各种社交活动。

皇天不负有心人，在工作后的第二年，文华凭借出众的外貌成功钓到一位"金龟婿"。男方身家过千万，是一位大公司的老板，年龄比文华大10岁，有一个7岁的女儿。成功嫁入豪门的文华在结婚后并没有感受到预想中的幸福，丈夫应酬较多常常是见不到人影，并且前妻和丈夫还藕断丝连，与前妻的女儿也相处得并不愉快。婚后不到一年，丈夫提出了离婚。由于婚前进行过财产公证，文华没有获得财产补偿。心力交瘁的文华无可奈何地离开了，最后用自己的青春换来的是一纸离婚证书。

当然，并不是说有钱的男人就不能嫁，也不是鼓励女孩都去嫁给那些穷男人。如果能嫁给一个有钱的好男人，那又何乐而不为？只是提醒那些一心想嫁入豪门的女孩，有钱不是好男人的唯一标准。而

且，幸福最终还得靠自己，把幸福完全寄托在"嫁人"这件事情上并不可靠。童话里的灰姑娘是嫁给了王子，可他们的婚姻生活是否幸福那就不得而知了。

说到这里，嫁人最重要的学问已经显山露水了。嫁人最重要的是嫁个好男人，如果能发现一只极有发展的"潜力股"，比捡一个现成的便宜更有成就感。下面就是潜力股男人必备的几个特点，待嫁的女孩一定要看仔细了。

### 有责任感

潜力股男人，天生就是一个有责任感的男人。这种责任包括他对他自己的人生负责，还有更为重要的是对你的幸福负责。

### 强烈的成功欲

要成功，一定要有强烈的成功欲，有了野心及欲望，就有了努力的方向与目标，就能加速成功。所以看一个男人是不是潜力股，就要看他对自己的未来是不是有明确的目标和清晰的计划，比如一年计划，三年计划……一个没有成功欲的人，等于没有方向感、目标和计划，也就没有了希望！

### 富有挑战精神

潜力股男人是一张拉开的弓，沉稳、平静、蓄势，等待着的是挑战和征服。一旦让他们逮住机会，就会孤注一掷，努力寻找成功的支点。这样的男人，时刻有着不断奋斗的激情。

### 个人魅力

个人魅力对一个人的影响力很大。一个人的外在仪表、谈吐、肢体语言及内在的修养、丰富的知识、积极乐观的心境等，都是展现个人魅力的关键因素。一个有魅力的男人，就像一个磁场，更容易吸金。

### 自信

如果一个男人经常挂在嘴边的是，"我不能！我不会！"那么，可以肯定他很难取得成功。因为他没有自信,自信才是成功的基石。这样一个没有自信的男人问你,"你能嫁给我吗?"你必须毫不犹豫地说三个字——我不能。

### 良好的人际关系

在现代社会,成功需要良好的人际关系。潜力股男人一定会拥有营造和谐人际关系的能力,他们充满活力、热心、勇敢、谦虚,走到哪里都能带来一片欢笑。

### 充满好奇心

如果一个男人安于朝九晚五,生活只是一种重复,那么极少能成功。具有成功潜质的男人,不仅充满自信,更会充满好奇心。好奇是人类生活进步的原动力,是一种创造力也是一种魄力,有了这种魄力才会去做投资、冒险,这正是成功的主因之一。

### 强健的体魄

健康的身体是革命的本钱。身体也会影响心理健康。没有健康的身体,一切理想、梦想都将落空,也就更不用想你未来的"性福"生活了。

### 坚强的毅力

毅力是最重要的一项成功特质。有毅力的人做任何事都可以坚持到底,不会五分钟热度,不会半途而废。一个男人或许学历、能力、财力等条件都不如人,但只要有坚强的毅力,不怕困难、挫折、打击,始终坚持理想就会成功。

### 善于利用他山之石

潜力股男人还有个最大的优点就是知道如何利用别人的主意来赚钱。这也是赚钱的真正秘诀——利用别人创造性的思想,并且把它们运用到实际中去。这样的男人往往有着很强的洞察力,知道如何通过与别

人打交道来获得他们所需要的东西,也知道别人对他们的反应如何。

### 哲思小语

嫁人是一辈子的大事,如同第二次投胎,实在是马虎不得。宁愿多等一年,也不能凑凑合合把自己打发给一个垃圾股男人。不要被诱惑蒙住了双眼,要有自己的主见,选择一个具有成功潜质的男人并嫁给他,你就能改变自己的命运。

## "小三"不好做

"小三",是通过互联网流行起来的一个词,是对第三者的贬称。与此相关的词是"小三转正",是指第三者成功拆散一对夫妻,从而使自己升级为对方的合法配偶。对于一个单身女孩来说,已婚男人就像街头上的小广告,随便在哪里都可以遇到,你可能一不小心就着了他的道儿。

100年前,婚外情是一个可以被"浸猪笼"的罪名;30年前,婚外情被耻辱地称为"破鞋";20年前,婚外情是"冲破重重阻碍的爱情";10年前,小三是个法律探讨合法与否的社会话题;而今天,婚外情已经有如黄河泛滥,不知淹没了多少个幸福的家庭。但有一个有趣的现象,即使是在人们觉得婚外情越来越普遍,而且心态也越来越平和的当下，人们对于"小三"的憎恨却在与日俱增。

我们暂不去评论沦为"第三者"的女孩们道德与否，不表示倾向性的立场，既不劝分，也不劝坚持到底，只对"小三"的曲折人生做出解析，至于何去何从就让每个身陷其中的女孩自己去把握。

我们先来看看"小三"的生活现状。对于产生婚外情的他几乎永远不会离婚。几乎你所有盼望他出现的日子——周末、情人节，他都不会出现。你无法把他当成自己的伴侣介绍给自己的亲朋好友。熟人出现时，他会害怕得藏到你的裙子底下。他周末可以回家和老婆卿卿我我，但如果你和别的男人有一丝眼神上的交流，他便会暴跳如雷。谎言对他来说，就是家常便饭。除此之外，你还必须承担如下种种不公平待遇。

### 你只是个影子

基本上，做个快乐第三者的可能性是零，那种光天化日下牵着爱人的手，在你看来几近奢望，如果他出差的时候可以带上你，能和他一起手牵手走在一个陌生城市里的街头，那简直是天堂。这种幸福很大程度上来自路人的眼神——他们与你们擦肩而过，除了认为你们是对情侣外，没有任何其他想法，这让你的内心有种满足感。但这种美妙的感觉却常常是短暂的。随着旅途的结束，你的一颗心在慢慢下沉，随之而来的便是一份漫长的等待。而在这个时候，你往往又会情不自禁地找茬、闹别扭，渴望获得对方一点关注。最终，争吵也就成为你们生活中的一部分。

### 你必须要有极大的宽容和耐心

他最大的毛病就是不守时，不要说约会的时间总是没有最终版本，就算地点也没有准谱，他要避开的人也实在太多：他老婆、老婆的家人、老婆的朋友、自己的家人，也许还包括一部分他自己的朋友。这就磨炼了他，像汉奸一样圆滑，像特务一样狡猾。一旦到了比较重要的传统节日，渴望两个人在一起过节的你只能想象他们一家在一起时的欢乐景象。你要用极大的宽容和耐心面对这一切。

**你没有权利发牢骚**

已婚男人爱上你,多半是因为经济基础雄厚了,"上层建筑"方面的要求也相应提高了,下半身也就开始蠢蠢欲动。因此他希望你能够给他精神上与身体上的快乐和慰藉。他绝没有时间和精力利用偷情的那点少得可怜的时光听你发牢骚,毕竟一个女人的唠叨已经让他的大脑饱和了。

也许以上三个方面你都能做到,而且为了爱的名义你也愿意如此巨大的付出。但我们不得不相信,这个世界上没有不透风的墙,而且人们对于花边新闻更是兴趣盎然,你和他的恋情,东窗事发只是时间早晚的事。事发后,你千万不要以为你的对手一定是只母老虎,或者她的招数不外乎一哭二闹三上吊,这些早就过时了,可以说那是与菜鸟级的过招。然而即便这样,她的"炒作"对于要面子的你和事业上正春风得意的他来说已经够致命了。何况,你真能对她的咒骂左耳进,右耳出吗?面对她的时候,你可以处变不惊、不卑不亢,为捍卫"小三"的荣誉而假装坚强,可回到家呢?是不是一转身就早已泪如雨下了?如果你已经爱上已婚男人,并甘愿继续这种地下工作者的生活,还想活得心安理得,那么你一定要具备以下"条件"和"素质"。

1. 具备人格分裂的潜质。

2. 要么足够天真幼稚,过一天开心一天;要么足够老谋深算,与另一个女人展开 PK——这都是极高境界,一般人的段数没戏。

3. 有自娱自乐的本事,总能找到事情让自己过得不寂寞。

4. 有朋友交际圈,没事凑一块儿可以找点乐子,特别是郁郁寡欢的时候;朋友中至少有一两个招之即来的,

在你想不开的时候能陪你一起喝酒、说话并对你的行为表示支持。

5. 对不想知道或不愿思考的外界信息有天然的屏蔽功能。

6. 具有极强的心理承受能力,对对方是否离婚有充分的思想准备和认识。

7. 具有超强的侦查与反侦查的能力,能够在被"敌人"发现时,及时摆脱。

如果你已经爱上已婚男人,却在徘徊犹豫,那么你可以试试下面几点来摆脱这段错爱。

1. 重新审视这段感情,是否放手完全取决于你给幸福下的定义以及你最想要的是什么。

2. 时刻提醒自己,这只是一次美丽的邂逅,他爱他的妻子胜过一切。

3. 多出去晒晒太阳,让自己的内心充满阳光。

4. 做一次单独旅行,思想有多远就走多远。

5. 尝试去接受身边值得你珍惜的人。

如果你正在做"小三",有三点建议必须给你。

1. 不要企图用怀孕拴住他。这样做的结果,只会让对方迫于各方面压力,逼迫你将生命扼杀在摇篮之中,更准确地说应该是扼杀在腹中。

2. 不要半夜三更跑到他的家里试图跟他的妻子谈判。这无疑是上演午夜凶铃,其结果绝对令人不寒而栗。

3. 永远不要和他走进教堂。想象你的后半生要与一个刚从坟墓里跳出来的男人共度一生,好恐怖。

"小三"是个说不完的话题,其中的奥妙与玄机实在太多太多。总之,做女人难,做"小三"更难,相对来说,做个聪明的女人还是比较容易。不知道看到此处,作为不是"小三",或即将成为"小三",或正在做"小三"的女孩会作何感想?

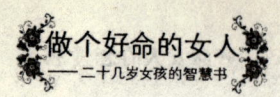

### 哲思小语

女孩傻就傻在常常把男人在床上的热情、奋不顾身、勇往直前认为是男人对自己的热情、对自己的奋不顾身、对自己的勇往直前。女孩很多时候都错了,男人针对的是性,而不是一颗爱他的心。

## 不为爱情而迷失

恋爱中的女孩智商为零。这话很有道理!但要我说,恋爱中的女孩,智商为负(付),付出的付。

爱情很美丽,拥有爱情的人可以变得诗情画意,可以把情感诠释到最细腻。但爱情有时候也很残酷,爱情的最后归附是在生活之上,没有永远如火燃烧的爱情,爱情的最后是归于山水的宁静。懂的人会在宁静里发现天堂,不懂的人却在那里遭遇地狱,因为耐不住那炽烈的心,耐不住情感的平淡。于是,有的人分开了,有的人却永远在一起……

不过,当我们陷入恋爱的旋涡后很容易失去理智,对人物的判断以主观好恶为标准,常常不由自主地将对方过于理想化,再也听不进任何忠言逆耳。俗话说:"情人眼里出西施。"对热恋中的对象,人们往往只看到优点、长处。最要命的是,缺点也变成优点,短处也变成长处,连罪孽也成了"丰功伟绩"。把对方的一切全都在自己主观的幻想

## 第四章 好命女人的恋爱智慧

之中进行了"改造",例如把男友的"撒谎"看成是"聪明","粗暴"认为是"气魄","抽烟"也是"有派头",一切都那么完美无缺。

与男人相比较,女人的心理防线比较脆弱,而且从小就受到应温顺随和的教育,因此女人更愿意通过改变自己来取悦对方。尤其是爱上一个比自己更强势的男人时,女人认为自己必须格外努力,才能留住男人的爱。

女孩最常用来改变自己的方法就是改变外貌,尤其是身材。每年都有成千上万的女人在危险地节食,或进行不必要的整形手术,企图以此取悦男人,使自己变得更具吸引力。另一种方法就是隐藏自己的需要,她们一味顺从男人的需要,而不惜改变自己的行为、价值观,甚至性格。但女人做出改变以后,结果往往事与愿违,因为恋人总会有对你不满意的地方,而你不可能永无休止地改变。

因为爱他,你脑子里除了他就没有别的东西,做事情开始心不在焉和敷衍了事;因为爱他,你似乎需要他无时无刻地向自己表白,他有多爱你,他有多需要你,多想你;因为爱他,你觉得需要他的时候他必须在第一时间给你回应,哪怕是在工作期间。问题已经出来了,就是你太爱他,爱得迷失了自己。如果要确定你是否已经因爱而迷失自己,可以看看下面这些你占了几条。

1. 平均一天给你的男友 3 次以上的电话或短信。
2. 每次约会见面时,你的话多过男友的话两倍以上,而且最后分手时你还一而再、再而三地拖延时间,还在依依不舍。
3. 你送给男友的礼物多过男友给你的两倍以上。
4. 你跟闺密见面时,60%以上的话题都与你男友有关。
5. 你若有一天没听到男友的消息,便睡不好觉,脑子里充满各种负面的猜测。
6. 你的微笑与痛哭,90%是与男友有关。
7. 与男朋友在一起时,他接的电话与收的短信你会进行细致的排查。

以上的表现对你来说若是家常便饭,那你的恋爱前景则大为不

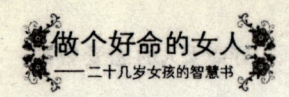

妙,因为你已失去了生活的平衡,而一个失去平衡的人,是不可能与另一人保持平衡关系的。不如退后一小步,给自己与你爱恋的人更多的空间。

有一个女孩本来是很聪明的,有思想、有抱负,知道自己想要什么样的生活,为了自己的目标不断地努力着。努力地学习,努力地工作,有足够的能力养活自己和父母。闲暇时陪父母说说话、帮父母干干活,或是约上三五知己,一起聊天、逛街、泡吧。生活是快乐的、充实的。男人爱上了女孩的快乐、充实,爱上了女孩的独立、进取,他发起了进攻。他想得到这样一个女孩。自从爱情来了,女孩变了。

爱情中的女孩,为了爱情,她抛开了父母,远离了朋友,没有时间陪在父母身边,没有时间和朋友们聚会。她的生活变得单一,因为从爱情来了的时候开始,她的世界只有他了。为了爱情,她做出了牺牲。

故事中的女孩是傻女孩,她不懂得在爱情中要坚守自己的独立。而聪明的女孩会恋爱。她们知道要放松自己,做回自己,培养自己的兴趣爱好,听音乐、看书、上网,还拥有自己的朋友圈,不是脑子里只有他,而连朋友都忽略了。

女人悲剧的缔造者其实正是女人自己!是女人亲手为自己挖掘了一个坟墓,是女人亲手埋葬了自己,因为她完完全全是为了男人而活。如果男人离开她了,于是,爱情没了,美丽没了,青春没了,朋友没了,资本没了,生活的勇气也没了!

女人,你可以为你爱的男人付出,但前提是,你要活得快乐、要活出自我。只有你是个完全独立自主的女人的时候,你才有资格爱,你才有资格为爱付出,否则,你连自己都失去了,拿什么付出呢?即使有一天,爱情不在了,婚姻不在了,我们还有自己,我们可以重新来过。所以女人千万不要在爱情中迷失自己,二十几岁的女孩更应时刻让自己保持清醒的头脑。既然是以爱的名义走到一起的两个人,就都要为爱而改变和努力。

要知道一个人在世上生活,爱情不是全部。你拥有爱情的权利,但是你更拥有亲情的温暖与友情的万古长青。只有亲情、爱情、友情三

者的有机结合才是完整的人生，缺哪一个都是一种残缺。最后，我只想对沉湎于爱情中的女孩说，"不要在爱情中迷失自己，走出去，让阳光亲吻你，你会爱得更快乐！"

**哲思小语**

在全身心地去爱一个人之前，先好好思考这三个问题：到底自己爱上对方哪一点？为什么爱对方？对方带给自己什么期望？与其盲目地投入而悔不当初，不如事前多想清楚，好好弄清双方的差异或共同点。等确定彼此都有了互爱的共识，然后再爱也不迟。

## 男人认为是调情，女人以为是感情

上天在塑造男人的时候，给了他们太多的躁动与不安，让他们总是要变着法儿地求新、求变。因此男人的"花心"都是深深地融入血液难以改变的。女人都希望自己的男人不花心，但这并不现实。

如果这个花心男人跟你没有半点关系，比如说他是克林顿，或者克里斯蒂亚诺·罗纳尔多，你就说当然可以啦！而且，你还可能会鼓掌欢呼以资鼓励。这个世界要是没几位花心男人，就没什么花边新闻可看了，天天都是战争、饥饿与恐怖主义，想起来都乏味至极。花心男人是那种给生活添彩的人，有他们在，你会觉得世界锦绣多姿繁华如

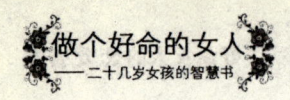

梦。所谓"饱暖思淫欲",往大处说,花心男人的存在甚至从某种角度证实着生活水平和质量的提高,"花心男人"这个名目,就是近年来我国人民(主要是广大城市居民)从温饱走向小康之后的新兴词汇。

所以说,花心男人的经济环境一般不会太差。如果他为五斗米奔波,为隔夜粮愁苦,哪有闲心在女性面前风度翩翩地献殷勤(以此为业者不计)。

花心男人通常还有高于平均水平的智商,并且精力充沛。别人要8小时睡眠,他可能4小时就足够;别人应付一个女人已经尽心竭力疲于奔命,他可以在几个女人中游刃有余做足功夫,而且有手段进退自如。闲置这份能量,连你都会替他觉得惋惜。这是颇有一些女人认同"太优秀的男人永远都不可能只属于一个女人"一类论点的原因。对她们来说,剩下的问题无非是——甘愿分享一个优秀男人的几分之一,还是选择独自占有一个平凡男人的全部生命?

于是乎,有个巨大的课题摆在我们面前,就是男人为什么花心?其实,有些男人花心有生理原因。一种观点说,男人花心的种子早已种下。人的始祖是猿,每只公猿都拥有一群母猿。这是它们通过搏杀得来的。谁强大,谁就拥有传宗接代的权利,这是自然界优胜劣汰的法则。人从猿演变而来,这种遗传虽然过于遥远,但未必就已完全绝迹。再说人类形成之后,数十万年来特别是数千年来,实行的多是一夫多妻制,男人的思维是能爱则爱,女人的想法则是嫁鸡随鸡,嫁狗随狗。这些思想多少形成了某种劣根性,这种劣根性又被浓缩在遗传密码中,代代相传。但以上是以讹传讹不足为信,不过男人的花心还确实是有一定的科学依据的。引起男人花心主要有三方面原因。

 **爱情激素易上瘾**

心理学家经过研究发现,人群中有一种特殊的人,即对多巴胺、后叶催产素等爱情激素"上瘾"的人。这样的人,一旦体内的后叶催产素等激素水平消退,就会通过另寻新欢再次获得刺激源,从而享受激素高分泌带来的极度愉悦兴奋,这就是我们通常所说的花心、喜新厌旧的人。花心男人的共同特点是，容易为女人动情，也容易让女人倾倒，朝三暮四，处处留情不守情，都是对爱情激素"上瘾"的人。

**可能是基因惹的祸**

科学家研究还发现，具有某种基因变体的人，可能会在婚姻中遇到更多的麻烦。研究发现，在人体 AVPR1A 基因上的一个被称为 RS3334 片段的数量，与男人究竟是"痴情种"还是"负心汉"有关。一个男人可能有一两个，或者没有 RS3334 片段，而数量越多的男人，与伴侣的关系越不牢靠。据悉，AVPR1A 基因就是荷尔蒙"后叶加压素"的感受体的编码基因。

**爱情保鲜期只有一年半**

心理学研究发现，爱情保鲜期仅有 18 个月。神经内分泌学发现，男女间爱情是由大脑中的 3 种化学物质多巴胺、苯乙胺和后叶催产素激发出来的。当男女初次产生爱情时，这 3 种化学物质同时迸射而出，让人心跳加速、手心出汗、激情亢奋、无比愉悦、欲罢不能。

但是，过了一段时间后，再不会出现心跳加速、手心出汗的现象。而且，彼此注视的时间会比当初少，拥抱的力度会比当初小。这是因为随着时间的流逝，人的机体内渐渐会对这 3 种化学物质产生一种抗体，一段时间后，这 3 种化学物质的作用就会消失，男女之间的新鲜感会逐渐消失，随之代替的是情感的交融。

男人的花心虽然有一定的科学依据，但花心更多的是心理问题。花心的人表面看起来好像只与道德有关，但如果深究其行为形成的原因会发现：他们在原生态家庭中的抚养人、父母对他们的态度、情感和行为方式，都会影响到他们是否对感情专一。

**花心男人的内心世界**

花心人的内心是空的，像个有磁力的无底黑洞，不断地需要外在的事物来填充，但总也填不满。这和一个人的地位、金钱、名誉高低无关，只是这些外在条件会创造更多的机会去不断地换人。花心的人并

不知道自己到底想要什么,没有安全感,对未来充满担忧;花心的人缺乏自信心和自尊感,缺乏内心力量;花心的人不想承担对他人的责任,采取逃避的行为方式,不断地变换是另一种逃避;花心的人总是希望得到更多的赞扬、尊重、认同和肯定;花心的人什么都想要得到,不肯放下,不停地追逐所谓的"更好的";花心的人在心理上没有"断乳",没有剪断和父母的"精神脐带",还没有完成心理年龄的成长,成为一个真正的心理成熟的人。看到这里,相信有一点同情心的人的心里一定不太好受,原来做个花心的男人是如此之难,你现在对他们的鄙夷之情是不是能有些缓解呢?但心情归心情,对那些花心的男人,聪明的女孩还是要提高警惕,学会如何辨别与应付。

方法一:如果他是花心男人,一定不情愿带你登他的家门,即使你要求他这样做,他也会编出令人感天动地的理由来拒绝你。

破解:找个机会直接杀到他家楼下,打电话给他,说是出来逛街恰巧路过,然后强烈要求上门拜访他的父母。如果他惊慌失措地婉言拒绝,那他一定是心里有鬼,而且很可能他就是一个超级色鬼。

方法二:花心男人在和你独处时百般亲热,甚至提出零距离接触的要求,而在公共场合,他会装出一副谦谦君子的模样,和你保持距离,更不会把你当作女友介绍给他的朋友。

破解:如果你们在一起时恰好遇到他的朋友,你就要求他为你介绍,注意他介绍你时使用的称谓及他的表情。或者找机会在他的朋友面前和他作一些亲昵的举动,要是他的朋友知道他和别的女人有染,他是怎么样的人就浮出水面了,毕竟演技再好的人也是无法应对突

发事件的。

方法三：为了有时间和其他女人约会，花心男人经常谎称自己工作忙，需要加班，或者有应酬。总之，他们会找出各种理由说明为什么不能陪你，并且语言会非常煽情。

破解：打电话到他的单位，看他是否真的忙着工作。这件事也可以让你要好的朋友去做，这样更稳妥一些。如果他并非在公司，那么你要做的就是在下次见到他时进行严刑逼供。

方法四：花心男人往往要多线作战，所以他会尽量固定和你约会的时间，这样才不会发生冲突，更可以避免差错与误会。对于花到一定境界的男人，记忆已经变得极其不可靠了。

破解：选择一个你们不常约会的时间，突然出现在他的面前。如果他一脸惊喜，说明他深爱着你。他一旦露出尴尬或惊慌的表情，你就该知道是怎么回事了。

方法五：刚和另一个女人海誓山盟并缠绵完来到你的身边，花心男人也会心怀愧疚。因而，他会无来由地向你献殷勤，帮你洗衣服做家务，或送你小礼物。

破解：先和他缠绵一番，当他魂飞天外的时候，在他的耳边轻声地说："昨天，我的一个朋友看见你了。"如果他心里有鬼，一定会激灵一下，急促地问："看见我怎么了？"

以上就是对付花心男人的全部攻略，其可操作性相信会让许多女孩受益匪浅。但还有令人担心的一点，就是女人希望花心男人对全世界都花心，唯独自己是例外，总以为他可以为自己而改变。

改变一个人，你以为你是谁？自我膨胀一定会有恶果。征服一个花心的好男人，很有成就感？试过的人多了，眼前那么多牺牲者，血流成河，凭什么你就能一战功成？生命有限，青春苦短，聪明的女孩应该是躲在好男人怀抱里，远远地观看花心男人上演的一幕幕滑稽喜剧。

应该是所有的男人都花心,但不是所有的男人都出轨。他们不出轨,不是因为他们能抗拒诱惑,而是因为太爱某个人而已,而这个人很可能就是你。

##  聪明女孩必须远离的男人排行榜

女人想要不被男人抛弃,就得学会先下手为强,趁他对你旧情婆娑残意袅袅时,咱先抖擞下翅膀朝着太阳飞出去,尽管有一点伤神,有一点落寞,有一点咬牙切齿,但总比无辜地被休掉要好受些吧!谁抛弃谁,谁便拥有主观能动性,在视觉和心理上才能取得绝对优势。

女孩在恋爱的问题上往往会处于弱势,一旦男女双方感情最终破裂,女孩受到的伤害也会更多。为了避免悲剧的上演,聪明的女孩要学会主动出击,将以下十种男人毫不留情地休掉。

**第一名:暴力男。**脾气暴躁,跟他相处如同身处炸药库,只要他脸色一变,你时刻有被炸飞的危险。他会当着众人呵斥你或给你难堪,更可怕的是他还有可能动手打你。暴力男就是《不要和陌生人说话》中男主角安嘉禾的形象,有严重的心理变态,总是以打人作为自己的

一种心理安慰。特别是那种在施暴后又痛哭流涕的做法更是女人的致命伤,女人往往在男人悔恨的眼泪中淡漠了自己身体的伤痛,反而来安慰男人。这是女人真正灾难的开始。

**魅力指数**:★

**远离指数**:★★★★★

**第二名:吝啬男**。打着国家号召节俭的旗号来克扣你,吃饭和你玩AA制,买菜起码要货比十家以上。但吝啬男一般都拥有出色的口才和非常独到的审美眼光,这主要表现在你与其一起逛街上。每当你试穿一件价格不菲的衣服,你总会被他用各种专业的审美角度将其否定,并用犀利的语言让你相信确实如此。更有极品吝啬男会冠冕堂皇地说:"干吗买这种杂牌衣服?以后我们去巴黎买香奈尔!"

**魅力指数**:★★

**远离指数**:★★

**第三名:懦弱男**。胆小怕事,遇到困难总等着你替他出头,而且没有一点主见,所有的决定都等着你来做,你说东他决不敢往西。假如你在拥挤的公交车上遭到了"黑手",你愤怒地向"犯罪嫌疑人"进行炮轰而遭到无理的辩解时,你渴望身边的男友能够像男人一样为你战斗,但结果往往是他用沉默的方式来化干戈为玉帛。跟这样的男人在一起,除了累,就是窝囊,没劲。

**魅力指数**:★

**远离指数**:★★★★★

**第四名:醋缸男**。醋劲和醋味皆可与山西陈醋媲美。首先,他会管住你的眼睛不准看除他之外的任何异性,哪怕是只小公狗。其次,他把你管起来不准别人看你,更别说和异性接触,哪怕是友谊的目光也会遭到无情的封杀。当心!他的汹涌醋水把你的牙酸掉事小,把命酸掉才叫事大。

**魅力指数**:★★★

**远离指数**:★★★★★

**第五名:邋遢男**。俗话说:"没有味道的男人不是真正的男人。"不

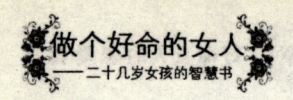

过"男人味"过于浓烈,你总不能在接吻的时候还戴口罩吧?当你身上淡淡的体香与他的各种味道激情碰撞,相信无论多么浪漫的环境也难以激发起情趣。

**魅力指数:**★★★

**远离指数:**★★★★

**第六名:忧郁男。**整天一副林妹妹的样子,总是生活在愁云惨雾中,而且会烟不离手,总是流露出癌症晚期的表情并发出千古之慨叹。忧郁男虽不可恨,但很讨厌,哪怕你有天大的喜事,他那副忧郁模样怎么也会让你高兴不起来。

**魅力指数:**★★★★

**远离指数:**★★★

**第七名:碎嘴男。**女人嚼舌头还透着点生活气息,但男人嚼舌头总会让人浑身不舒服。让你感觉有只大黄蜂在你耳边嗡嗡嗡,烦到你好想挤破它的肚皮,然后掏出它的肠子,并在其脖子缠上几圈用劲地一拉,整个世界就清净了。总之,碎嘴男给人的感觉就一个字:烦!

**魅力指数:**★

**远离指数:**★★★

**第八名:孔雀男。**分分秒秒不忘夸耀自己,好像全世界他最渊博、最能干、最多金、最英勇、最性感……其实他最可笑。他每一次经意或不经意地开屏,都会让人有一种在其头上打破一个酒瓶的冲动。而且,你领这样一个孔雀男出席各种朋友的聚会,不知你的朋友们会作何感想。

**魅力指数:**★

**远离指数:**★★

**第九名:黏腻男。**既黏且腻,翘兰花指,对你爱爱爱不完,坐在马桶上也含情脉脉地看着你,朝着你甜甜地微笑并喊道:"宝贝,给我来点儿手纸"。

**魅力指数:**★

**远离指数:**★★★

**第十名：无聊男。**男人不但应该拥有健康的体魄，还应该具有丰富的思想内涵。可是就有那么一些男人，好像他的头脑里就是萨哈拉沙漠和西北的黄土高坡。周日的时候妻子说和孩子去吃一次必胜客，他偏偏说"洋玩意没意思"，然后用一根大葱蘸着大酱，二两白酒硬是能喝上大半天。遇到这种男人，女人的生活就像那根大葱，辣味伤了口腔后就是索然无味，一切美好的情愫都在酒精的麻醉中消失。

**魅力指数：★**

**远离指数：★★★**

请记住：没人有权对你坏、不尊重你、欺骗你和虐待你，千万别让自己全心全意的深情，被臭男人利用和滥用了。许多爱上浪子的女孩，似乎都无法抗拒这种充满好奇的诱惑而无力地沉陷。更为奇妙的是有些女孩明知道前途险恶，却还是执意勇往直前。在情感的道路上，迷途在所难免。即使堕入了魔性的诱惑，一个自制的人终究是会迷途知返的。

坏男人像鸦片，总是让年轻的女孩欲罢不能。不过，为了让自己的内心不被折磨，还是与那些真正的坏男人保持距离吧！这时，可能会有听话的女孩说，"那我以后只认可好男人。"此言差矣，以下五种好男人你也还是要敬而远之的。

**一、王生。**电影《画皮》的男主角，在当世有很好的社会地位，仪表堂堂，彬彬有礼，有情有义，对爱人更是忠心到底。这样的好男人什么妖魔鬼怪都能吸引来，作为他的女朋友肯定要面对很多隐性第三者。哪个女人愿意让别人惦记着自己的另一半呢？俗话说："不怕贼偷就怕贼惦记。"但更可怕的是，不怕贼惦记就怕贼真偷啊！

**魅力指数：★★★★★**

**远离指数：★★★★★**

**二、孟皓。**电视连续剧《钻石王老五的艰难爱情》的男主角，四有新人，钻石王老五。对爱情也算是坚贞不移，痴心一片，对爱人更是体贴入微。但是对爱未免有些偏激，像个有魔鬼血统的天使。和他在一起，可要多多小心，千万不要让他认为你心里还有别人，不然后果可想而

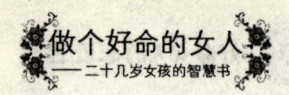

知。

**魅力指数**：★★★★★

**远离指数**：★★★

**三、韦小宝**。头脑灵活,反应快,社交能力强。尤其是与异性的社交能力更是令男人们无不叹服。最让人不可思议的是虽然老婆多,但有能力管好,让各位老婆和平共处,在和谐的大环境下去创造一个新的民族。可是当今社会的法律不允许一夫多妻。要是嫁给这个花心大萝卜恐怕就麻烦了。要是被他喜欢上了就更麻烦,他是不会轻易放过你的,不当他老婆他就一直追着你不放,所以还是离他远点。

**魅力指数**：★★★★★

**远离指数**：★★★★

**四、超人**。拥有超能力的完美男人,和他在一起完全不必担心会被人欺负,更不用担心在春运高峰期买不到回家的车票。可这样的男人是不能属于一个人的。在你和他的婚礼上,他很有可能要飞去地球另一端去阻止一场海啸的发生,所以还是现实点,既然他已经忙得内裤都要穿外面,还是远离他吧！

**魅力指数**：★★★★★★★★

**远离指数**：★★★★★

**五、唐僧**。长得帅,品德高尚,与人为善,坐怀不乱。在当今,这样的男人几乎绝种了,你要见到了有点想法也是很正常的。不过他事业心太强了,以至于连女儿国的国王和千娇百媚的妖精都不能打动他。和超人一样也是要成就一番拯救世界的大业,只是两人采取的方式不同罢了。所以一般女孩还是别在他身上浪费时间,敬而远之,这种男人是被用来仰视的。

**魅力指数**：★★★★★

**远离指数**：★★★★★

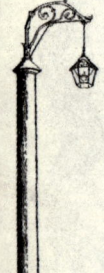

## 第四章　好命女人的恋爱智慧

### 哲思小语

坏男人有其好，好男人也有其坏，在爱人的选择上，女孩应该处于主动地位，选择一个好坏兼而有之，能够真心对自己、爱自己、疼自己的人为伴，这才是女孩一生幸福的真谛。

## 女孩恋爱禁区

爱，是人生的一堂必修课。如果不经历爱情，人生就不算完整。爱，会让女孩从新生的蓓蕾成长为绽放的玫瑰；爱，会让女孩从骄傲的理想主义者过渡到聪明的现实主义者。年轻的女孩是街头小店橱窗里挂着的连衣裙，不贵却鲜艳抢眼；成熟的女人是香榭丽舍大道名品店里的基本款，低调却精致耐看。

爱原本是你情我愿的事，本不该设置什么禁区，但随着时代的进步，太多的痴男怨女在爱的路上踉跄前行，以至于产生这样的怀疑，难道是我错了吗？难道我们真的没有缘分？为了更好地解答这些疑惑，以下十诫，意在总结古老传统与新兴时尚相比之下的恶俗或弊端，让爱变得更美妙。所谓"天长地久有时尽，此恨绵绵无绝期"！爱就图个轻松自在，既然爱，就应该是轻松自在。

**不要让他像谁谁谁**

如果女人都能像张曼玉，色艺双全，演技一流，人品好好，男人将狂呼！如果男人个个如贝克汉姆，人帅得掉渣，钱多得没处花，球技又佳，还属痴情男儿，女人将尖叫！可女人能都像张曼玉吗？男人能都如贝克汉姆吗？

如果他拥有黎明的身材，刘德华的鼻子，梁朝伟的眼睛，万梓良的酒窝，周润发的下巴，施瓦辛格的肌肉，你不怕吗？如果他是谁谁谁，会和你在一起吗？

像一个人而且是这个人，你可能面临得到他的心却见不到他的人的尴尬处境；像一个人而不是这个人，你会怂恿他去模仿，你可能会成为一个迷失自己的人；他不像任何人，他就是爱你的和你爱的人，恭喜你，你可以平平安安过日子了。

 **不要打听他的过去**

一男孩对女孩说："嫁给我吧，我是真心爱你的。"女孩反问道："我怎么知道你不是骗我的呢？"男孩不假思索猛地一拉她的手，说："那就让我骗你一辈子吧！"于是，女孩开始四处打探对方的过去看是否对别的女孩也如此用心良苦，毕竟她爱上了这个正在"骗"你的人。

假如你一不小心没忍住问了男友的过去，在你的高压下，不管他是招还不是招，他都是个失败者。因为，他告诉你说明他念念不忘过去，不告诉你也说明他念念不忘过去，你不问，就永久不会有过去。没有什么人是可以憋得住心里的秘密，慢慢等，你会知道一切的。

 **不要和中年人谈情说爱**

中年人是怎样的人？他们要么是只想着工作的性冷感，要么是推着儿童车散步的标准父亲。而现实生活中，中年男人的闷和功利，将会使年轻女孩的心境很快消融成小妇人。聪明的女孩们，还是远离这些古化石为好。

因为爱情是纯真的，年龄总是和纯真度成反比，中年人不会纯真，所以中年人那里没有爱情,有的只是家庭与长期练就的温情。初恋是美好的,人到中年基本上已经恋了N次,你在他那里不可能找到初恋的感觉。中年人如果未婚,他是已被验证的残次品;如果已婚,他是带给你无数忧愁烦恼的危险品。如果他稳重,你们将没有激情;如果他有激情,你未来的日子将没有盼头。中年男人,你还爱吗?

 **不要逼他结婚**

男人要离婚一个理由就足够了,但男人怕结婚的理由则是丰富多彩。

最传统的理由:婚姻是爱情的坟墓。

最古老的理由:两情若是久长时,又岂在朝朝暮暮。

最新锐的理由:婚检要查艾滋,我怕你受不了这个打击。

最浪漫的理由:我可以用一辈子的时间来等你。

最现实的理由:我没有足够的钱来买钻戒。

以上理由只是男人恐婚的美丽借口,以下才是男人恐婚的真正原因。友情整理,谨供聪明的女孩作为参考。

1. 不想在看球赛时,被一个人死皮赖脸地强逼着去看泡沫剧。

2. 不想在星期天被一个女人押着去她爸妈家里,做那些老两口做不下来的粗笨活。

3. 不想因为脚没洗干净,就被一个女人要求重洗,否则请你去客厅睡沙发。

4. 不想上街时刚看了两眼美眉,就被人狠踩一脚。

5. 不想因为忘记了一个女人的生日,她一周都对他不冷不热。

6. 不想在星期天睡懒觉时,被一个女人拉起来去百货大楼买打折商品。

7. 不想因为有个声音柔美的女同事给家里打了个电话,就被一个女人审查盘问到深夜。

8. 不想有一个女人,经常神经质地缠着问:你究竟爱不爱我?

9. 不想被一个女人经常打击自尊,说你不如张三挣钱多,不如李四会操持家务,不如王五幽默。

10. 不想因为回家晚了,就被人关在门外,还要对邻居说:"唉,忘带钥匙了"。

11. 不想每次斗嘴后,都是自己先妥协,先认错,即使自己很无辜,但老婆永远是正确的。

12. 不想给自己的母亲找一个打冷战和持久战的对手。

当"婚狂女"遇到"恐婚男",不知道会撞出怎么样的火花。其实,聪明的女孩还是应该将心思花在如何征服男人的心上,而不是千方百计的逼婚上。聪明的女孩要有如果他到80岁还不娶我,我就跟他拼了,反正除了我他也不会娶别人的心境。未结婚却胜似结婚,不逼不迫却有舍我其谁的自信,此谓之爱情的境界。

### 不要太在意他说不说"我爱你"

一个男人和一个女人的恋情能不能展开,"我爱你"这三个字是敲门砖,是划破夜空的一声霹雳,如若没有这三个字女人便会从怀疑感情到怀疑男人再到怀疑自己,最后牵扯到价值观、世界观、人生观。作为新世纪的女孩不应太较劲,并且要聪明地相信:爱的行动比爱的语言来得更行之有效。这是因为爱的最高境界,是不需要用语言来表达的。

### 不要问他我在你心中排第几

这个问题通常还有些花样,比如"我和你妈同时掉水里你先救谁?""我和你的初恋情人同一时间死去,你会更伤心谁?"……感情不可以排序,爱情不需要排位。

何必多此一问呢?除心中位置的排名外,还有成千上万的单项指标可以排名,你总可以得到一个第一。如果你不介意并列的话,你可以有 N 个排名第一。关注那些无聊问题的女孩,不是对自己的魅力没有信心,就是怀疑情人对自己不够忠贞。如果不是排第一,你将得到一个虚假的答案;如果确实排第一,你将得到一个无用的答案。不管是什么答案,你都必须默认第 N(N≥3)者的存在。所以,问这一句毫无意义的话还不如问句,"亲爱的,晚上我为你亲自下厨,想吃点什么?"来得实惠。

 **不要问他明天是否依然爱你**

有一首情歌叫作《明天的明天的明天》,里面唱道,"如果你没勇气陪我到明天的明天的明天,倒不如就算了,就放了。"伤感的歌词,感伤的调调,这一切无不在表达女孩对于明天的在乎。电影《甜蜜蜜》更是将"明天的感情"表现得淋漓尽致。在没遇到张曼玉之前,黎明绝不会想到自己来香港不是为了把大陆的女朋友接出来结婚,而是为了和最爱的那个人相遇。明天是上帝的,今天是自己的。怀疑今天的人,才会不相信明天。不相信自己的人,才会担心情人移情别恋。

 **不要问他为什么关机**

自从有了手机,所有男人都被女友的追命连环 Call 所困扰,完全处在时刻被监控的状态。那些动不动就关机的人不是被唾沫星子淹死,就是被扔掉的旧手机砸死。男人关机的理由:在开会、没电了、在谈生意……女人则会想他也许在寻花问柳,在招惹是非吧!聪明的女孩要学会不被手机所主宰。超负荷的爱情会逐渐死亡,超负荷的手机会提前报废。如果担心他会出轨,为什么要放他单独出去呢?给他一点自由的空间,他会加倍地偿还。你再多问,小心他拿掉电池,你将会听到"你的爱不在服务区……"

 **不要总让他买单**

买单对于经济独立的年轻人来说比较敏感。此时,女孩该在适当的时刻表示一下姿态,男人更要无时无刻显示一番自己的胸怀。最理

想的分成是男7女3，当然，能执著坚守AA制的情人们——在此对你们表示敬意。一直是男方买单，会有三点潜在的危害：首先，男人的买单是不是看成是对你的一种承诺——结婚后由他来掌握经济大权？其次，花掉的钱越多，见面的机会越少，修成正果的概率越渺茫。最后，无缘继续这份恋情时，挥挥手，怎能走得干净洒脱。同时，男女之间采取AA制或是其他分成方式，这也是现代女性所体现经济独立、思想独立、个性独立的重要表现。

## 哲思小语

恋爱可以让人变得勇敢，可以让人冲破一切禁锢，去燃烧自己的生命。女孩会通过爱，使自己的人生得到进一步的提高和发展，这是人生必经的第一步。第二步就是要学会如何去经营爱，让爱在自身的经营下妙不可言。

## 第五章
# 好命女人的婚嫁智慧

每个女孩都渴望能遇到一个白马王子,完成一段美丽的爱情,成就一个甜美的家庭。但这些单身女孩在渴望婚姻的同时,却又忘不了自己的结婚宗旨:嫁人重要,但嫁得好更重要!

嫁得好固然重要,但单身的女孩们是否考虑过,就在她们盲目等待嫁得好的机会时,青春也在慢慢流逝,而周遭的好男人也一个个地被其他女孩俘虏了,最后自己落得形单影只、孤家寡人。女孩一旦过了25岁,每长一岁,围绕在身边的男人就少了1/2。这说明什么?年轻,是女孩挑选男人的最大资本之一。

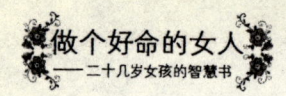

 ## 不要相信"完美好男人"的神话

十全十美的好男人是言情小说里的人物,现实生活里根本不存在。年轻女孩拥有美好的愿望是很正常的事情,可是当你步入社会时就会发觉,现实比你想象的要复杂得多。想象中的完美其实只是一种境界,一种理想,现实从来都不是完美的。现实生活中完美的人是不存在的,你必须跨越理想主义的鸿沟。

二十几岁的女孩已经达到了国家法定的结婚年龄,于是"男大当婚,女大当嫁"的呼声开始不知不觉地成为你身边亲朋好友的口头禅,希望能够刺激你那根渴望单身的神经。的确,二十几岁的女孩是开始搜寻好男人的时候了,在开始论述什么是好男人的问题前,首先向大家宣布两个消息:一个是好消息,一个是坏消息。

好消息是最新的中国人口调查报告显示,男性占总人口数的51.7%,比女性多了1.7个百分点,也就是说中国男人比女人多了近3000万。我们由此可以看出,中国单身女孩已经奇货可居,完全已经达到了丑女不愁嫁的和谐社会,这条消息相信会让众多女孩兴奋不已。现在我必须公布坏消息了,坏消息就在这浩浩荡荡的3000万光棍之中貌似没有传说中的好男人。说出此话肯定会招致男孩的反对,而女孩会不屑一听。下面具体地分析一下。

在每个女孩的心中,都有一个好男人的标准:或玉树临风,或温文

尔雅，或才貌双全，希望自己的另一半拥有姚明的身高、刘翔的腿、长得像梁朝伟……然而你有没有想过，世上真有如此完美的男人吗？也许有，但只可能存在于影视剧和文学作品中。

当然，好男人还是有的，只不过为数不多的"天生丽质"的好男人也被女人的自我感觉给无情地扼杀掉了。比如有的男人喜欢喝酒、抽烟，你就认为他是不良青年；有的男人喜欢与女生搭讪，你就认为这个人花心，孰不知内在花心比表现出来的花心更可怕。长得帅气你觉得不可靠，怕背着你偷情，长得一般了你觉得人家寒碜，怕领出去人家问你这猴在哪买的。

还有相当一部分的单身女孩感叹，为什么自己看上的好男人，不是结婚了，就是非单身的。其实她们不明白一个道理，事业上成功的好男人背后，都会有过一个好女人。她们曾经和你一样年轻漂亮，但是为了所爱的男人，放弃自己很多享受的权利。如果那个男人还是个纯爷们的话，他肯定不会忘记老婆的"栽培"。没有一个安稳而强有力的后方做支持，男人很难有事业上的成功。因为有了家庭，很多男人才从男孩变成有责任感的男人。责任感是男人做大事的先决条件。如果一个男人对自己不负责，又不懂得对他人负责，如何奢望他能成就大事？

到这里，我们就已经找到了没有好男人问题的关键所在，原来好男人是好女人培养出来的……所以二十几岁的女孩就不要再沉浸在遇到好男人的梦里了，真正聪明的女孩们，已经开始为自己去抓一个男人来培养了！

其实，好男人就像埋在河堤下沙堆里的金块，只露出一个小角，等待着聪明善良的女人去发掘，去开发其潜在的巨大能量。不过，选材很重要。不要指望你可以改变一个风流成性、目无尊长，动不动就和别人PK的男人会在你的感召下改变，所以要慎重选材。

二十几岁的女孩要找一个这样的男人来培养。他虽然没有太多钱，但是他总是偷偷地记得你的生日，在你自己都快要忘记的时候发来一声问候，送上一件独具匠心的小礼物。他总会在你身边默默留意

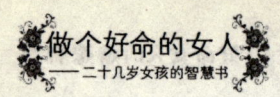

你的一举一动,你的心情波动,他总是第一个察觉,并不惜一切方法让你开心快乐。你发脾气时他第一时间低头认错,虽然错的可能不是他。他默默地包容你的一切,你的缺点在他眼里也变得可爱。

他做事情有条理,努力把事情做到最好。他从不逃避,做错的事敢于承担并尽力将损失减到最小。他有理想与野心,但更重视与你感情上的稳定和在心灵上的交流。越在乎你的男人,越不会轻易地去占有你,而是给你一种家人一样的亲切感。

有一部分二十几岁的女孩可能已经在培养男人了,那么她们已经在通往幸福的路上前行。还有一部分女孩暂时没有找到非常好的选材,对此我也只能深表遗憾,在此举几种无论如何都不要找的男人类型,帮助你排除通往幸福之路上的一些障碍。

不要找太有钱的男人,不要找太事业型的男人,不要找没什么爱好的男人,不要找爱冲动的男人,不要找大男子主义的男人,不要找爱去迪厅、酒吧、舞厅的男人,不要找花钱如流水的男人,不要找一毛不拔还要你倒贴的男人,不要找极度狂妄或严重自恋的男人,不要找过分关心你家世和你工资的男人,不要找好吃懒做的男人,不要找胸无大志的男人,不要找没有时间观念的男人,不要找热衷网络游戏和网络聊天的男人。以上种种男人之所以要被无情地 PASS 掉,其原因是他根本不会懂得珍惜你和尊重你,他只是看上你的青春美貌,或是你的家世、钱财,相信如果每个女孩都将以上种种男人排除后,也许这 3000 万光棍就要将光棍进行到底了。

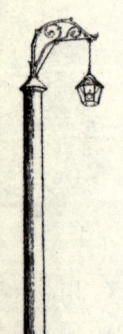

# 第五章 好命女人的婚嫁智慧

## 哲思小语

好男人是会用心照顾你一生一世的,会像亲人一样一直和你在一起。无论有钱或者没钱,也许会遇到许多的不如意,但是用心地体贴,来得比金钱更让人舒心。十全十美的好男人是不存在的,其实现实生活中那个能够疼你爱你、与你同甘共苦、相依为命的男人就是好男人。

## 为什么嫁人要趁早

亦舒说:"女人年纪越大,仿佛是套牢的股票,是愈来愈贬值的。"的确,如今的社会虽然处处标榜着男女平等,但在婚姻中"男大女小"的现象还是比较普遍,男人似乎越成熟越吃香,女人则是越年轻越有资本。因此,可以说年轻是女人挑选男人最大的资本,如果错过了时机,价值就要打折扣,就只剩下别人挑自己的分儿。

男人看女人的第一要素是什么?答案很简单:外貌。当男人们对你甜言蜜语说,"我喜欢的是你这个人"时,其实他真正想说的是:"我喜欢的是你的脸蛋和你的身材。"

男人不论是幼稚的小男生,还是稳重有魅力的成熟男人,不可否认,都特别偏爱青春亮丽的女孩(极个别有恋母情结的除外)。因为年轻的女孩子洋溢着青春的活力与激情,即便五官不是十分的精致美丽,但单单是那份青春之美就足以让男人们赴汤蹈火。

### 年轻对女孩意味着什么

情书拆到手软、电话接到心烦、追你的男生可以组成一个连,这就是年轻的好处。你可以肆无忌惮地拒绝每个追求者,因为还会有很多"不怕死"的后继者;你可以犹豫不决,因为追你的男人排了一长串,可能还会有因心急而插队的;你甚至可以犯些小错误,每个男人都会无条件原谅你,他们会说:"年轻人,谁能不犯错?"这也就是为什么每个女人都希望自己永远只有二十来岁,因为她们觉得那是自己最美丽的年龄。其实,从医学角度来看也是如此。20岁到25岁正是女人的黄金年华和状态最佳时期。在古代,我们的老祖宗早就划定"二八为芳龄"。也就是说,16岁的女孩子,如同芬芳的花朵,含苞待放。但花骨朵虽美,终究少了艳丽,多了几分稚气。而等到年逾二十,此时的女孩子就如同怒放的玫瑰,娇艳欲滴,令人远观为之倾倒,近观为之折腰。

一个年轻女孩的身边绝对不乏追求者,年轻的女孩一定要趁着自己的花样年华,早早地挑选一个合适的男人。千万不要等到青春年华过去,更年期并非遥不可及的时候才猛然醒悟。到那时,一段美好姻缘已经错过,曾经的追求者也作鸟兽散。

### 年轻对男人意味着什么

年轻的女孩就像飘浮在蓝天的一朵白云,没有色彩,却梦幻般纯洁;年轻的女孩就像万花丛中的一点红,不用标新立异,却让人回味无穷;年轻的女孩不仅仅是外形年轻,她们的心也是年轻的。一颗年轻的心标志着心的主人没有受到社会这个大染缸太多的影响,眼神中还有着梦想。现代社会,不论是初出茅庐的年轻男性,还是久经沙场的成熟男士,在他们眼里,年轻女孩比成熟女人更加可爱。因为年轻女孩子可爱的言行、纯真的笑容、清澈的目光让她们散发出一种单纯的气质,这些对于男人而言具有难以拒绝的吸引力,令他们产生一种金屋藏娇的冲动。一个年轻的女孩,她的年龄就决定了她不会太过世俗。而她那种不染世俗的单纯思想和气质,是最吸引男人的地方。

看惯秋月春风的职场女性,往往随着年龄的增长,心比身老,在男人面前犹如一团乌云,让人避之唯恐不及。要知道,一个人的年龄蕴涵着她的阅历,而她的阅历又决定了她的思维方式。因此,早点打算、早点着手准备,才可以有恃无恐,挑到最适合自己的夫君。当你从20岁决定把自己嫁出去的那天开始,你就走上了漫漫的"寻夫路"。

我们来做个类比。就好比一个女孩叫A,而另一个与之同龄的女孩叫B。A觉悟高,懂得"嫁人要趁早"的道理,于是从23岁开始寻觅适合自己的如意郎君。而B呢,却一直想着自己才23岁,应该先享受美好的青春。

1号男主角出现了。因为A有危机观,于是她牢牢地抓住了他。而B因为还没有觉悟心,因此对于这样一个好男人被A俘虏,也仅仅是表示了一点羡慕之情。之后,A或许因为性格和1号男主角有点不合,于是理智地选择了和他分手。然后,2号男主角又出现了。他马上又被想早早嫁掉的A俘虏,没有觉悟感的B依旧仅仅是有点羡慕。之后,A或许因为人生理想和2号男主角有点不合,于是又选择了和2号分手。再然后,3号男主角出现并又被A俘虏,A发现和3号男主角极为合拍,简直是天作之合,于是A终于可以十分情愿、十分安心地嫁给3号男主角。

这时,面对A无比美满的婚姻,B同志终于在无比羡慕中幡然醒悟,于是她也决定准备对身边的男人开始发出爱的信号。但此时的B猛然发现自己已经26岁。A是在3年之间慢慢地选到了自己现在的完美先生,而B呢,她还耗得起3年的选择期吗?如果耗不起又怎么办,总不能随便把自己嫁了吧!于是,B开始悲叹这迟来的醒悟。

这个例子可不是在吓唬你,因为故事来源于生活。难道你不觉得它似曾相识吗?这完全就是发生在我们身边的故事。当我们二十几岁的时候,不觉得花几年时间挑一个适合自己的人有多么的浪费时间。但当我们"奔三"的时候,即便是花费一年的时间去寻找适合的对象,

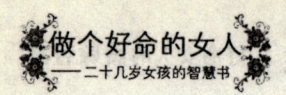

我们都会心痛地觉得是在挥霍自己最后的青春。

当女孩20岁时,觉得自己还小,还有很多事情可以做,于是把找老公的事放在了一边;当女孩24岁时,觉得自己还年轻,还有很多事情可以做,于是又把找老公的事放在了一边;当她们30岁时,才突然惊觉身边很多朋友的孩子都可以打酱油了,而自己还是孤家寡人,于是这才忙忙慌慌地四处寻觅。可她们大多又比较挑剔,于是挑啊、找啊,连最后的青春时光也在寻夫中不知不觉地逝去了。年轻的女孩们快快觉悟吧!早一点踏入漫漫的寻夫路吧!

铁凝三十多岁还未嫁,去见冰心,冰心对她说过一句禅语般的话,"你不要找,你要等"。她果真认真地等,等到50岁,终于修炼成正果,嫁得如意郎君。然而对我们绝大多数俗男俗女来说,这样的等,只是个美好的童话罢了。

## 80后女孩的重要任务是制造08后

古人云:"先成家后立业。"成家立业是人生的两大主题:成家,是婚姻形式的完成,标志着婚姻内容的起始;立业,是一个家庭的生存之本,支撑着婚姻内容的过程。家和业兴,是千百年来被无数代人证明的真理,也是人们成家立业的初衷和目的。更重要的是,这句话既适用于男人,也同样适用于女人。

我们常常会听到身边已婚的朋友说,"家庭生活是如何单调枯燥,夫妻之间是如何硝烟弥漫。"于是,你开始对"婚姻是爱情的坟墓"的至理名言崇拜得五体投地。但相信说此话之人绝大部分都是男人,这些男人只专注于婚姻的弊端而忽视了其好处,对婚姻是怨声载道。但聪明的女孩则不一样,心思缜密,看破婚姻的真相,先成家后立业对女孩绝对是利大于弊,下面列举几项先成家对女孩的好处。

###  有效节约恋爱成本

所谓成本,就是男女在相处之中不可避免、毫无意义的花费。假如两个相恋的人住在城市的两端,一东一西,工作的地点恰好在中间。两个人都工作了些日子,有些积蓄,但还买不起房,于是都租房子住。

两个人开始恋爱。她花更多的钱买衣服、化妆品,以便让自己看起来更迷人;他也为做称职的护花使者不惜血本。从约会开始,两个人原定的月储蓄额都在下降。一顿烛光晚餐、一束情人节的玫瑰、电影院的情侣票,还有为了两人多呆几分钟,误了最后一班地铁,多支付的出租车钱,都成了华而不实没必要的开支,但彼此却乐此不疲。

很快,他们就发现了一种节约体力、精力、金钱,而且使彼此更亲密的约会方式——到各自住处约会。下了班,他们一起回来,手牵手去超市,然后在厨房里烹炒煎炸。原先那些高成本的约会项目便不断减少,不知不觉让位于卿卿我我的二人世界。后来两人结婚了。很快,他们就发现了婚姻的最大好处:经济。相比以前各自租房过日子,省了房租,省了水电钱,省了一半的出租车费,两个人成为一个利益共同体,各尽所长。

或许,有些女孩子会想:既然住一起就能节约恋爱成本,那何必要那么早地把自己推入"围城"呢,同居不就得了?那就大错特错!试想一下,年复一年的同居极有可能换来双方爱情的冷淡,最终导致分手,虽然节约了几年的恋爱成本,换来的却是损耗了无比珍贵的时间

成本。而结婚之后,即便爱情冷淡下来,亲情却滋生出来。

有时候,一些男人为了引诱女朋友答应其同居的要求,就常常会在此时搬出"节约恋爱成本"的论调。此论调的论据是真,但其想达到的目的却是惹人争议。女孩若既想节约恋爱成本,又不愿意用自己的终身幸福做赌注的话,那就直接对自己的男朋友说:"我们结婚吧!这是节约恋爱成本的最好办法。"

 **远离性骚扰**

"性骚扰"是一个古老又现实的社会问题,它既包含道德考量又包含法律约束。当一个社会的物质文化生活水平匮乏时,性骚扰事件就相对地"匮乏"。反之,当一个社会的物质文化生活水平丰富,性骚扰事件就相对地"丰富"。随着,我国经济的高速发展,人民生活越来越富足,"性骚扰"也开始水涨船高。在接受关于"性骚扰"调查的白领女性中,有65%的人受到过不同场合、不同程度的"性骚扰"。办公室的"性骚扰"现象现在相当普遍,对于办公室"性骚扰"问题的界定,不仅包括言语骚扰和行动骚扰,还包括一些短信骚扰和相对比较亲密的动作骚扰等。

有关统计资料显示,在中国相当多的职业女性遭受过不同形式的性骚扰,30岁以下的未婚职业女性深受其害。

一般碰到这样的情况,单身女子都苦不堪言。但已经结婚的姐妹则可以严厉地警告他:"你是不是想等会儿在公司里尝尝我老公的拳头?"

 **成功婚姻少奋斗**

成功的婚姻能让你少奋斗20年,80后的一代只要智商正常,一般就都能上大学,但是工作竞争很激烈。很多女生都了解这个社会工作难找,即使找到,前几年也非常辛苦,一个月一两千块的月薪还不够买件衣服。

对于女人而言,能嫁给一个优秀的男人是一件十分幸运的事情,成功的婚姻也确实能让你少奋斗20年,但它绝不是一个不劳而获的借口。每一个人都应该是一个独立的个体,即便你是那么的柔弱和娇小,但你的独立、你的坚持、你的思想会得到另一半绝对的尊重和爱护。他会在你迷茫的时候为你导航,他会在你失落的时候给你安慰,他会在你失败的时候帮你重新点燃希望,这才是成功的婚姻让你少奋斗20年的最佳方式。

若是以"少奋斗20年"为寻找老公的基本条件,你一开始就注定会失败。目的性太强的择偶条件往往会吓跑那些本来对你有意的好男人,毕竟没有谁愿意自己未来的妻子爱的只是他的钱。

以上是女孩先成家后立业的三点好处,为了能更加刺激年轻女孩先成家的神经,下面再无私地奉献15条有老公的好处。

1. 你不想做饭的时候有人给你弄饭吃,你还可以挑挑咸淡!

2. 你有牢骚时可以向老公唠叨唠叨,他绝对是个忠实的听众!

3. 可以给你暖被窝,特别是寒冷的冬天,在老公的怀里比热水袋还恒温!

4. 下大雨打响雷的夜晚有人把你搂在怀里说,没事没事!

5. 做噩梦醒来他可以拍拍你的肩膀,摸摸你的头说:"有我呢!"。

6. 你想去哪儿,即使是深更半夜会有人陪!

7. 万一出点什么事你会有主心骨,一切有他跑前跑后地张罗,你不用焦心忧虑!

8. 关于电脑你有不懂的问他,他会很得意地知无不言言无不尽!

9. 在你准备洗已经泡了好几天的衣服时,他会跑过来抢过去说,"我来我来,这活怎么能让老婆干呢?"还会换来一通主动的自我批评!

10. 逛超市时有人拎东西,有人付账!

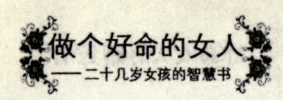

11. 如果你心血来潮想吃冰激凌或者别的什么小零嘴时会有跑腿的!

12. 你会有一个温暖的家,不再是一个空荡荡的房子!

13. 你会觉得生活充实不再无所事事!

14. 不管多晚你都会看到一盏明亮的灯为你而点亮!

15. 会有人耐心地等着你练厨艺,屡次把你焦乎乎咸乎乎的东西一本正经地吃掉,还说要的就是这个味!

单身的女孩随着年龄的增长,外界的压力、年龄危机感和长期以来的孤寂感,都在随之增加。如果不想让自己继续被这种感觉萦绕,那就趁早让自己走进婚姻的殿堂。虽然,有"婚姻是爱情的坟墓"之说,但这句话是不是也可以这样理解,既然你身在坟墓,那你岂不成了传说中的小龙女,而那位与你共同生活在坟墓里的男人就是杨过了,多么浪漫的爱情啊!

等待本身已经是一种失败。无论你现在是正时青春好年华,或是青春的尾巴之上,消除自己的消极思想,结自己的婚,让别人无婚可结。

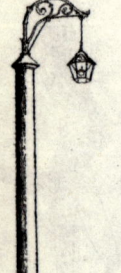

## 单身女孩营销手册

"单身女孩"之营销手册就像做销售一样,把嫁人也作为自己的工作项目之一,不但能提高成功的概

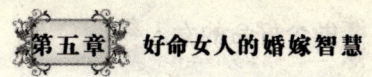

率,还能缩短成功的时间。

现代的职业女孩,工作往往被排在一个很重要的位置。就算与某位男子有缘分,说不定也被工作无情地拆散了。小时候,总认为这个世界如此之大,适合自己的人应该也是非常之多。但随着自己慢慢地长大,对现实生活也越发了解,这才明白过来,适合你的人真的很少,而能在茫茫人海之中相遇的概率却又是微乎其微。就像张爱玲所写的:"于千万人中遇见你所遇见的,于千万年之中,时间的无涯的荒野里,没有早一步,也没有晚一步,刚巧遇见了。"须知,这样的"刚巧"正是在千万人中、千万年间来之不易的缘分。一个女人的缘分和幸福或许一生只有这么一次,所以当遇到适合自己的人时,你一定要抓住。

有些女性朋友渴望幸福,却又害怕受到感情伤害,这种心理对她们来讲相对比较被动和保守。一些女孩子老是认为:"我的真命天子是可遇不可求的,总有一天会出来的。"于是,她去相亲了,婚介所也去了,对象倒是见了不少,结果却是一个比一个让她失望。于是乎,她没有了信心。其实,每每在感情的道路上遇到挫折,我们不应该那么快地感到沮丧和失望。就像之前章节中说的那样,一个人的态度决定了她的婚姻状况和婚姻生活的幸与不幸。

一个单身的女孩如果把自己嫁出去当做一个项目来做的话,不但能提高成功率,而且有可能结果会比自己所期待的要好。大家可能会问,什么叫项目管理?怎样去管理?其实很简单。如果我们把结婚目标当项目管理去实施,那我们需要这样的一个流程:第一个就是认识自己;第二是设定自己择偶的要求;第三是积极的行动;第四是做好付出和奉献的思想准备。

如果我们的目标就是把自己嫁出去,那么要完成这个项目的方法就是先调整自己。适当地改变自己,根据目标对象不同来调整自身的种种问题,随时灵活地调整与不同男性相处的策略,做好自己能遇到

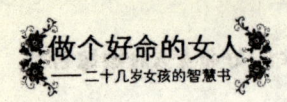

天下最好男人的心理准备。这样的话,在你遇到真正好男人的时候,不会自卑;在你遇到普通男人的时候,更是有恃无恐。记住这句话:全面撒网,重点捕捞,就当是在亡羊补牢。

女人总是在想自己需要什么样的男人,但是请问你想过没有,你需要的那种男人,他需要你吗?在男女交往过程中可能存在一个思维上的断裂点,男女总是从自己的本位出发,实际上大家的彼此标准错位了。

一般有一定经济基础的男士比较在乎女人的年龄、相貌,但是对学历并不太重视。高学历的女性对男士学历要求是比较高的,他挣钱不能比自己少、不能太低,年龄不能比自己大得太多。很多要求加上去,会发现这类男人最心仪的完全不是自己这类女孩。

所以,在你不断地重申自己的择偶条件时,有没有发现,你心目中的理想男士却正在你的背后对你说"不"。与其遭遇这样的尴尬和被拒绝,与其眼高手低无从出招,倒不如认真分析自己周围可能成为交往对象的男性,然后再有准备地出手,如此这般,成功率自然会升高很多。

如果你是个抢手货,那么你要做的只是作壁上观,耐心地垂钓为你而生的金龟婿。但品行内敛的二十几岁女孩不知道从何下手,不妨扩大搜索范围,为自己寻找恰当的突破口。

弄明白自己圈定的目标男人大致分布在什么地方,时常过去走走看看,比如朋友的公司、高级住宅小区、高级健身中心、各类充电学习班……都是你应该格外留意的场所。此外,还有一些场所值得我们留意。

1. "红娘"饭局。结识朋友的朋友,但不抢朋友的男朋友,这是多数女孩选择终身伴侣的方式。如果你只是单方面对他有好感,但是苦于没有施展魅力的机会,不要不好意思,马上让你的朋友帮你安排一次见面。

2. 婚礼。婚礼绝对是个可以制造浪漫的场合。婚礼上,喜结连理的男女双方的各路朋友都会到场,这其中不乏钻石王老五,各位单身

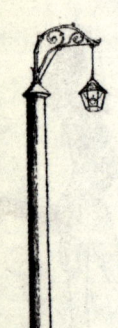

女孩可一定要让自己的眼睛加足马力。

3. 工作场所。这是近一半的人遇到他们终身伴侣的方式。但同在一个办公室的男人就忽略不计吧！想一想，你的后半辈子都要和一个男人24小时待在一起，这是多么恐怖的事情啊！同时，过于熟悉而容易缺乏吸引力，还是把眼光放远，不同部门、分公司的同事、客户、供应商，以及一切有工作关系的男人，只要是具有潜力的单身男人都要划入挑选的行列。

4. 联谊会。含蓄地以友谊万岁的面目出现，实质是提供单身社交的机会。即使你没有碰到意中人，也可以结交到好朋友，说不定以后你的终身伴侣就是他们介绍的，实现交友与交男友的双赢。

5. 商务活动。慈善晚会、新品发布会、某某周年庆、画廊酒会等等场合，可以主动自我介绍，交换名片。留下你的电话号码、电子邮件等联系方式，让他可以找到你。如果你们分手后的一个星期内，他都没有约你，你可以主动约他一次，如果他不安排第二次，就是对你没兴趣。

6. 酒吧。不建议去，特别是那种音乐很响、讲话要大喊大叫的迪厅。在酒吧认识的男人需要打一个问号，主要是因为在此地产生一生情的凤毛麟角，但一夜情倒是泛滥成灾。

如果以上6种你都没能力、没勇气或没时间尝试的话，那就只剩一条传统的路线可以走了。相亲不丢人，如果你每周都有相亲的安排，那还真是人生一大幸事。

哲思小语

只要你还笃信爱情，还相信世间有美好的爱情存在，那么你就不要太苛求、挑拣，学会摆正心态，正确面对生活，遇到你生命中的另一半是迟早的事。说不定下一秒，你就在街头拐角处与他相遇，并共同快乐地剪着路边的电线，让一路"火花四射"。

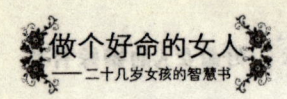

##  拿什么拒绝你,爱我的男人

拒绝讲究艺术,但更讲究效果。拒绝得不清不楚、不明不白,那和不拒绝没有什么区别,反而还会让男方误解为你是害羞,所以才会态度暧昧、答复不明,自然他就还会继续纠缠你。所以一定要学会拒绝,既为保护自己,也为了尊重别人的感情。

古语说:"打人不打脸,骂人不揭短。"所以,拒绝人真的是件很棘手的事情。特别是去拒绝那些爱慕你的人。相信很多心地善良的女孩在面临拒绝时,都十分头痛,担心拒绝对方之后连朋友都做不成。

其实,拒绝人要讲究一点点策略,学会拒绝,应对巧妙,不仅会使你摆脱尴尬,而且会展现你的机智。不过,若真是拒绝他之后,他便不愿再理睬你,这样的朋友少一个也无妨。下面简单地告诉你几个拒绝人时的注意事项。

首先,说话尽量婉转一些。当某个男子向你表达爱慕之意,而你对他却无爱慕之情时,你也不要表现得过于绝情。"你先照照镜子吧!"千万不要说出这样的话。就算你真的觉得他长得很特别,男方也会认为你是在侮辱他的长相。我们不妨试着换位思考一下,如果表白的那个人是你,而男方用这样的理由回绝你,你是不是恨不得在他喝的水里放点耗子药呢?

所以还是委婉一些,大可以这样告诉他:"你很优秀,但是我们不

适合,性格不适合、习惯也不相同……"

这样的拒绝方式对于那些爱面子又聪明的男人来说已经足够了。但是假如你遇到了一个脸皮厚的男人,这时候就需要果断地拒绝。"我不想失去你这个朋友,但是我确实没考虑过和你交往,所以如果你愿意的话,我们还是朋友。"相信这样的话,是不会伤害到双方之间的和气的。

另外,有些女孩子认为直接拒绝对方的求爱会造成气氛的尴尬,所以就表现出暧昧不明的态度。其实,这样反而会让对方觉得有所期望,等到后来再拒绝,就会产生不良后果。所以女孩一开始就要让其对你彻底死心,以避免引起不必要的误解。

以上是给那些单身女孩子的建议,而那些已经有男朋友的女孩,若是再遇到求爱骚扰,就应该十分明确地告诉对方,你已经有男朋友了,而且是个十足的肌肉男,并且你很爱自己的男朋友。这样的拒绝足够让99%打算追求你的男人放弃。

有时候你还可以巧做红娘,把不适合你却单恋你的男性朋友介绍给你认识的其他单身女性朋友,转移他的注意力,说不定还真能成就一段姻缘,做不成他的新娘做红娘也是不错的选择。

拒绝人时一些共性的小策略都已经唠叨完了,但并不意味着所有的理论都可以生搬硬套。拒绝,有时候还要具体问题具体分析,对不同类型的男人采取不同的小策略,对以下三种最让人头疼的男人就要特殊情况特殊对待。

 **拒绝父母的乖儿子**

许多男人不能只看外表。给女孩子的感觉是高大英俊,出手也大方,假如你爱上这样的男人,于是两人谈婚论嫁。到了对方的家,你发现他变了一个人,只见他依偎在母亲膝下,像一只小哈巴狗。面对他父母对你发难式的问话,男友显得那么无奈。当听到你工作很一般后,男友的父母终于对你下了逐客令。

建议:这种从糖水中出来的男人性格大多逆来顺受,很难违背母

命给你一个满意的答复。当机立断是最佳选择。

 **拒绝恬不知耻的家伙**

优秀的男人较为稀罕，有些自我感觉良好的男人在某一方面却特别迟钝。比如你公司的一个男同事，他在公司是优秀人才，几乎大家都很崇拜他。但他最大问题是，他搞不清你真的需要什么。你刚来这家公司，对方自我感觉良好地认为你对他有好感，白天他给你沏好茶递过去，晚上下班还要送你一程，你的母亲有病住院，他便日夜守候直至疲惫不堪。你开始碍于情面不好拒绝，日子久了，你便直言相告：我们没有可能。而对方却一如既往，简直成了你的噩梦。

建议：对于这种无耻的家伙，你无论采取什么办法都是徒劳的。他就像一只挥之不去的苍蝇令你讨厌。唯一的办法是不给他任何机会。苍蝇不叮无缝的蛋，你不要成为那只有缝的倒霉蛋就好了。

 **拒绝不来电的好男人**

你有个关系很好的异性朋友，一直以来都是纯洁的男女关系。但日久生情，对方把一个男人对女人的关心发挥到极致。于是，你发现离不开他了，但你对他只有一种亲情的感激与依赖，并无爱的冲动与悸动。他能给你的只有一种太纯净的感觉，而他却因对你的一往情深而一如既往地对你呵护有加。

建议：好男人不一定是好丈夫。拒绝这样的男人要有技巧：一是找个合适的机会告诉他，你已经有男朋友了，让他帮忙参考一下，因为你把他当成好哥哥；二是对他的关照麻木一些，偶尔开一些这样的玩笑：这将来让嫂子知道了，还不吃醋！

当然，拒绝并非都是发生在熟人之间，有时候在酒吧等公众场合遭到陌生人的骚扰,这时候你该如何拒绝呢?

男:我可以为你买一杯饮料吗?

女:倒不如把钱给我得了。

男:我能有你的名字吗?

女:为什么?你不是已经有一个了吗?

男:我是摄影师。我一直在寻找一张像你这样的脸。

女:我是整形外科医生。我也一直在寻找一张像你这样的脸。

男:这个座位是空的吗?

女:是的,如果你坐下,我的这个座位就是空的。

男:我好像以前在什么地方见过你?

女:是的。这就是为什么我不再去那个地方的原因。

男:这个周末你想跟我出去吗?

女:抱歉。这个周末我头疼。

男:我想我能让你非常快乐。

女:是吗?你是说你要离开?

相信各位美眉已经看明白了。总之,拒绝人家是可以的,但应当幽默一点,不要让对方太难堪。学会抓住对方语言的漏洞进行攻击,多强的"防火墙"也会陷入瘫痪。

问:男人最痛苦的是什么?答:被心爱的人拒绝求爱。问:男人最最痛苦的是什么?答:被心爱的人拒绝求婚。看吧!其实,做女人挺好,做男人挺不容易。当一个痴情的男人,对你单膝跪下,手里拿着炫目的钻戒对你说:"愿意嫁给我吗?"的时候,如果他就是你今生注定要嫁的人那么你就开心地回答:"我愿意",但如果他不是你想要与之白头偕老的人,那么你可以满脸轻松地在以下三句话中任选一句。

1. 我爸妈都说我还太小了!
2. 给我一点时间,让我考虑考虑。
3. 我已经有男朋友了。

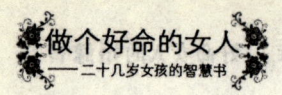

## 哲思小语

在每个人一生中,都会遇到三个人:第一个是你爱的人,第二个是爱你的人,第三个是共度一生的人。面对自己所爱的人,每个人都有自己的态度,而面对对你单恋的人,大多数的人,至少大多数的女孩,都会选择拒绝。

## 闪婚到底闪了谁

"快嘴"李湘和"钻石王老五"李厚霖,从相识到订婚,只有一个月零三天。宋丹丹和赵先生相处了28天,就决定嫁给他,并重燃了生活的勇气和对演艺事业的信心;美国小天后布兰妮更是出位,和儿时好友的婚姻只维持了55小时,可谓来得快去得也快……在这个时代,结婚和离婚似乎越来越轻而易举,有时候,对婚姻做出决定几乎可以不假思索。

闪婚,顾名思义,就是闪电般结婚。它指的是男女双方在极短的时间里从相识、相爱到结婚,是有别于"一见钟情""一夜情"的一种实质性婚姻模式。在中国,闪婚已经不是新鲜事物,只是闪婚的记录被一次次打破,从最初的几个月、几天,到现在的短短几个小时。长春的小汤(北京某公司吉林分公司职员)和小黄(长春某手机聊天室的"斑竹"）就是典型的闪婚一族，他俩从相识到决定登记结婚，前后仅用了不到 7 小时，创下了闪婚新纪录。

有的人说 7 个小时成就一桩婚姻太快，工作一天还要 8 小时呢！有的说 7 个小时不算短了，从北京到海南看大海，吃海鲜再回到北京还不耽误晚饭吃烤鸭。况且现在是高速时代，高速公路，火车提速，3G 时代，快餐不都是讲究个快嘛！所以原本给人以温馨、甜蜜、幸福的婚姻，也需要提速，闪电般结婚也就不难理解。闪婚的出现主要有以下几个原因。

### 避免沦落为剩女

如今剩女大把大把的，要觅得一个多金帅气的如意郎君谈何容易。80 后的年轻女孩，条件比较好的自然更容易寻得好归宿，所以很多女子就趁着自己年轻把自己嫁了，免得将来加入剩女的队伍，不仅丢了面子，也苦了自己。

### 经济危机下的新战略

我们不得不承认，80 后、90 后存在着诸多问题，80 后是叛逆被溺爱的一代。现在有一部分 80 后自己创业，有一部分还是要靠家里的无条件"赞助"。尤其是在金融危机下，一批又一批的大学本科生走出校门，可是经济又是如此不景气，要寻得一份心满意足的好工作谈何容易。所以结婚成了很多 80 后女孩的救命稻草，先寻得一张长期饭票后在从长计议。这也是一种投资啊！何况结婚了有老公养着，也不用担心吃饭问题，何乐而不为呢？

### 生活放纵，冲动型女孩自食恶果

上面说了很多 80 后女孩基本上都是受过正规教育的大学生，但其中也不乏思想堕落者。冲动、混日子的女孩常常周旋在不同的男人身边，与他们唱卡拉 OK 调情，乱搞男女关系，自然很容易出事。那么出事了怎么办？万般无奈只能告诉父母，于是在父母全权做主下，他们也被绑着走进了婚姻的围城，何其悲哀！

### 家有"逼婚族"

有些家庭有时候会因为拆迁、赔偿、户口等原因而急需男人入赘，所以就逼着女儿结婚。还有些是逼着女儿去相亲，期望早早把女儿嫁了，至于是出于什么心态则不可细说。俗话说："家家有本难念的经"，这种父母逼子女结婚的事情泛滥，也在某种程度上推动了80后女孩的闪婚现象。

下面来谈一谈闪婚带来的危害。在极短时间内产生的爱情和婚姻，也同样预示着它寿命的短暂。快速的结婚和离婚，使得男女双方在短时间内都要付出大量的金钱和精力，但最终的结果却并没有使他们的付出得到同等的回报。闪婚，究竟闪到了谁？

人们都渴望一见钟情的浪漫和激情，当你面对闪婚激情退去后的索然无味时，当爱情没有了初期的神秘时，当婚姻成为平凡的生活时，当剩下的将只有平淡、一份实实在在的平淡生活时……一个小小的屋檐能否承载两个缺乏爱情磨合过程的新人呢？"闪"前瞬间激情碰撞的电石火光，片刻间两情相悦的海誓山盟，面对婚后漫漫无边的粗茶淡饭，苦海无涯的柴米油盐能否经受实际的检验？

虽然，闪婚有如此多的危害，但闪婚中也不乏聪明人，将闪婚演绎得淋漓尽致。作为勇敢者的游戏，"闪婚族"必须要有大智慧：首先，要有"一眼窥其全貌"的功力，"日久见人心"是来不及了，三五招内就要彻底破解对手，否则你真的敢将自己托付出去吗？其次，要有"百炼成钢"的素质，婚前是不食人间烟火的仙人，婚后就会成为融多种缺点于一身的凡人，后悔药是没用了，该扛的就扛着，扛不住就只好选择闪离。最后，还要能输得起，如果不幸成了闪婚的牺牲品，就要有足够的资本给自己埋单，并且在亲朋好友面前故作潇洒。所以说闪婚虽好，但也不是谁都玩得起的，尤其是二十几岁的年轻女孩，只有远离闪婚，才不会被青春闪了腰。

而且，"勇敢者"需要知晓的是，闪婚再"闪"，它也是正式的婚姻，是婚姻就要直面责任，遵守规则。闪婚不是一夜情，一夜情是路边的野草，而闪婚却是要登堂入室的家花。所以，闪婚不能始乱终弃，也不能亵渎成"露水夫妻"。

第五章 好命女人的婚嫁智慧

哲思小语

闪婚其实更像一簇绚烂多姿的焰火,绽开的瞬间固然美丽,熄灭的时候却带着无尽的苍凉。爱情的生存需要现实的土壤,如果一味地不顾及客观的现实条件,那么闪婚能走多远?而浪漫最终也只能成为闪婚的点缀和回忆。

## 凭什么让男人对你钟爱一生

爱情是世界上最纯洁的花朵,而家庭则是这朵美丽花朵的果实。因爱生情,因情而动,但爱情和家庭这对双胞胎姐妹,都有序幕,有开始,有高潮,有结尾。到底是瓜熟蒂落还是枯黄凋落?是百年好合还是含恨终生?太多的女人诉说自己的不幸,那么,女人凭什么让男人钟爱一生?

现在很多年轻的女性结婚后,一不做饭,二不做家务,一切家务不是老公代劳就是保姆打点,并以此为福。可我想起了一句话,笑到最后的人才是幸福的人。眼前轻而易举得到的幸福是虚幻的幸福,一个女人只有到老了,还有人深爱着她并一起看日升日落那才是真正的幸福。

我非常赞同女人是用生命在经营爱情的观点,但有很多女人却用

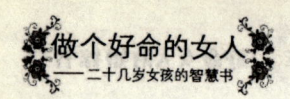

爱情来牵制和"绑架"男人，男人要自由，女人要束缚，结果女人难免会挥起大棒大声吆喝着男人，希望把男人"驯服"，这种管理模式在女人年轻时还是比较有效的，因为男人爱她，会包容她的一切，甚至会心甘情愿做她的奴隶，但当日子长了，当她没有什么值得男人回味的时候，也就是男人开始厌倦她的时候，男人就会毫不留情地离开。那么女人到底该怎么做才能一生一世留住男人的心？

首先，女人要了解，男人都是大男子主义的，只是表现多少不同而已，要懂得以退为进的道理。男人往往是逞一时英雄而已，不必为他的只言片语大动肝火。可以让男人拜倒在你的石榴裙下，但决不能让男人在他人面前丢了面子。

其次，女人要学会发现男人的优点，给予婚姻一种包容的气度。多数女人在婚后，无法再享受到婚前的关注待遇时，就给自己戴上了放大镜，专门负责满足她挑剔的眼睛。于是，她发现自己的男人有着各种各样的缺点。总之，反复研究，反复郁闷，怨天尤人。结果总是在自己从放大镜那里得到的不满情绪中自虐，再也回味不起最初的幸福，而更多时候热衷于捕捉男人的不良表现去否定过去的全部。从此，整天去抱怨，就因为放大镜而把自己当初的可能与美丽都照没了。其实任何男人都不是完美的，因为女人也不是完美的。当你总是热衷于去挖掘对方缺点时，也是有意暴露自己的缺点，当你学会欣赏对方的优点时，那么他也会受你的影响去欣赏你的优点，大家在相互给予对方优点赞美的时候，达成了一种包容，一种共进，自己的缺点也会在自觉中改正。

再次，女人也不能一味地服从男人的任何决定！必须在家庭中与男人平起平坐，不能因为他在外面如何能干，就对他唯唯诺诺！这样会惯坏一个男人，让他不知道珍惜，最后抛弃你！女人要知道，爱一个男人，要有不同版本的爱情，幸福才会长久。谈恋爱时有恋爱时的版本，新婚有新婚的恋爱版本，人到中年有中年的爱情版本，老年有老年的爱情版本，这样爱情才会保鲜。女人有了自我修炼，就有了被爱的条件和智慧。女人要漂亮，要内涵，要有才气，更要温柔，男人就算你赶也赶不走。最后女人还要思考，男人究竟是爱她的什么？

有的男人爱女人的才华；有的男人爱女人的容貌；有的男人爱女人的果断；有的男人爱女人的温柔……但作为女人要知道，男人是功利型动物，任何吸引他的东西都是难以维持长久的。

最后，女人更要学会理解对方的心理需要，建立适应性的交流模式以达到情感的融通。夫妻之间最重要的就是交流，不管是语言上、肢体上、还是眼神上，都是不可缺少的。有很多的女人总是在埋怨男人不善于沟通或者不愿意沟通，其实这些都是缺乏了解对方内心需求所造成的心理困顿，也许是有时候女人太过于重视言语上的沟通所造成的。沟通是需要营造一种轻松的氛围，寻求一个共同的话题，赋予适当的引子才能达到的，而不是只站在自己的立场上去要求、去发泄。对方没有沟通的动力，那说明自己很多工作没做好，对方的状态需要怎样的沟通方式与交流内容都是需要我们去付出努力去探讨的，不要因为他一时的缄默而去肯定他的冷漠，有时候沉默与默默关注也是一种沟通，眼神的对视也是一种理解的沟通，一个微小的暧昧动作也是一种情感的沟通。所以学些心理知识是保证相知的条件，以达到两人一生相互尊重，相互支持，相互信任，相互守信的永恒。

总之，女人不应该总是抱怨婚前婚后男人为什么变化那么大。婚姻不是男人的全部，而只是他生命过程中的一个必然经历的过程而已。饭有吃腻的时候，茶有喝淡的一天，饭要换样做，茶要添新茶叶，这样生活才能有新的活力。

如果你有闭月羞花般的美貌，请问你能让它长开不败吗？当花容凋谢的那一天到来时，你又如何让你的男人对你一往情深呢？如果你

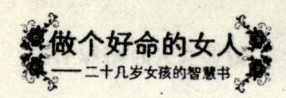

才华横溢，琴棋书画样样精通，可是爱人穿得像个乞丐，孩子像个孤儿，家里一片狼藉，你如何让你的男人爱你一生？

如果你在事业与家庭中都独当一面，认为自己精明能干，在家里对你的男人也咄咄逼人，请问：你的男人会永远逆来顺受吗？当你叹息没有好男人的时候，是否想过，你凭什么让男人钟爱你一生？

爱情激情飞扬，犹如烟花般绚烂，却也如流星般转瞬即逝。婚姻平淡琐碎，柴米油盐，却也风雨连绵。女人，你在平淡而又琐碎的生活中，是否会重现神奇，让你的男人钟爱你一生一世？

##  嫁人就嫁灰太狼

现代的男人说变心就变心，今儿个被"小三"勾引了，明儿个家庭暴力了。难怪日本青年们都不想结婚呢，嚷嚷着要选择动画世界的人物过一生。当然这也不现实，婚还是要结，人还是要嫁，至于女人要嫁怎样的男人呢？我认为有一个现成的标杆楷模可用来参考——灰太狼先生。

在2008年春节档的电影大战中，开始并不受重视的《喜羊羊与灰太狼之牛气冲天》最后票房勇夺8000万元，是有史以来国产最卖座的

## 第五章 好命女人的婚嫁智慧

一部动画片。

本以为这部片子的市场只是青少年，但实际上最后撑起这片庞大票房的，却是都市白领们。并且，白领们追捧的并不是剧中的第一主角——正面形象"喜羊羊"，而是那个大反派灰太狼。

剧中，灰太狼是个典型的"妻管严"。它的老婆"红太狼"是个坏脾气的厉害角色，每次当灰太狼被羊群欺负，灰头土脸地出现在家里，老婆非但不安慰，还会恨铁不成钢地用铁锅用力敲打灰太狼的头。即使如此，灰太狼却从不生气，一边逃一边还心疼地对着老婆说："老婆，老婆，你千万不要生气，生气会对皮肤不好的！"这条极品公狼的所作所为实在令人五体投地。

古人云："男怕入错行，女怕嫁错郎。"这句至理名言为太多的痴男怨女提供了智慧的借鉴。且不说男人入错行的可怕，单说女人嫁错郎的悲剧就足以让人惋惜。古有秦香莲贤良淑德、含辛茹苦、养儿育女、侍奉公婆，本以为等到丈夫功成名就后过过好日子，谁承想陈世美为了功名利禄转眼成了别人的丈夫，不但不认她，还想杀妻灭子。

再说现代版的郑少秋，靠着肥姐的名气从一个无名小卒变成了一代巨星，成了名却不要肥和孩子了，说变心就变心。这样的男人我们身边也有的是。今儿个被"小三"勾引了，明儿个家庭暴力了。再不就"衣来伸手，饭来张口"不做家务不管孩子，懒得比女人还有理呢！

现实虽然残酷，但婚还是要结，人还是要嫁，那么女人要嫁怎样的男人呢？如今已经有一个现成的标杆楷模用来参考——灰太狼先生。一直享受色狼"美誉"的男人们，还真应该像这位模范狼先生多多学习。

灰太狼的优点基本有10条。如果你准备嫁的男人具备其中的5条，那么别犹豫，赶紧嫁吧！如果你准备嫁的男人以下10条全部具备，那么你就要坚决封杀可能接近他的一切雌性动物。

**1.灰太狼爱老婆胜过爱自己**。这可是新好男人的必备素质。灰太狼每次抓到羊的时候完全可以自己先吃掉，然后拿点羊排给老婆，可是他一次都没有这样做，总是辛苦地把小羊们送到老婆大人面前，或煮或炸全都由老婆说了算。这样的男人永远把老婆放在第一位，这可

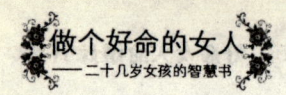

是嫁他的先决条件。

　　注解：至于，你现在的男友是否具有这项优点很容易进行判断。只要看你们在一起就餐时，他是不是每次让你先动筷子，并会主动为你夹菜。

　　**2.灰太狼非常热爱劳动**。两口子过日子讲究的就是细节，干家务、带孩子那全是细节。虽然灰太狼每天都出去抓羊给老婆吃很辛苦，但他仍然坚持不懈地做家务，洗衣服、收拾房间，什么活都不用老婆插手，多热爱劳动啊！嫁给这样的男人，女人就不用担心很快变黄脸婆了，小日子惬意得简直就是旧社会的地主婆！

　　注解：男人懒是本性，男人爱劳动是个性。要知道他是否是个爱劳动的人，只需要你到他家进行一次突击检查，一切就都水落石出了。

　　**3.灰太狼聪明能干又有毅力**。每次抓羊的点子都是他想出来的，而且亲自抓捕，每捕必成。虽然羊最后都从锅里跑了，多少有点时运不济，但这是剧情安排，要不以后演什么？每次失败后，灰太狼都会跟观众朋友们大喊一句："我一定会回来的！"瞧，人家多有毅力，能把坏人做到这分儿上确实令人敬佩。嫁给这样聪明能干的男人，万一事业上陷入低谷也不用害怕他翻不了身，人家有毅力，一定会回来的！好男人贵在品质。

　　注解：鉴别男人是否聪明、能干、有毅力，只要看其工作上的表现就可以知道一切。如果他工作得很轻松写意，总是能按时完成老板交给的任务，那么他绝对可算得上聪明、能干、有毅力的男人。

　　**4.灰太狼动手能力很强**。爱搞些发明创造。这要是在生活中，准是一个动手能力强的男人。家里的马桶堵了，他通；水管漏了，他补；椅子腿折了，他钉；电视机坏了，他修……这种男人省心又省钱，不但会修东西，而且你心情不好的时候还可以修理他。现在这样的男人可是打着手电筒也难找。

　　注解：男人从小动手能力就特别强，喜欢拆卸东西，以至于年轻的父母常常搞不懂家里的东西为什么总出问题。如果你真能遇到一个动手能力强、能修电器、会做手好菜的男人，可一定不要让他跑掉。

**5.灰太狼为老婆花钱从来不心疼。**女人都是爱美的,红太狼想用十只羊换件虎皮大衣,虽然这对灰太狼来说是件难以完成的任务,但他眼睛都不眨就答应了。十只羊是一笔不小的财富,灰太狼全拿来换大衣了。这种男人太让人感动了,找男人就要找一个舍得为你花钱的,值!

注解:男人啊!有的时候往往就是披着羊皮的狼,你奢望他去弄个虎皮大衣,那确实是太难为人了。不过,在寒冷的冬季,你还是可以考虑用一件貂皮大衣来考验其对你有多舍得。

**6.灰太狼从不花心,对老婆百依百顺,从一而终。**在当今"小三"泛滥的年代,灰太狼这种精神太值得学习和表扬了。虽然偶有抵挡不住小白狐的媚眼给人家献了殷勤,有过把抓到的青蛙送给了对方的错误行为,但老婆一声召唤就会马上乖乖回家。这种优秀的男人不可能不被人惦记,只要不是原则性问题,原谅他就好了。

注解:如果一个男人不花心,那他会不会是别有用心?如果一个男人真不花心,那就赶快俘获他的"芳心"吧!

**7.灰太狼从来不藏私房钱。**男人有钱就变坏。私房钱可是导致男人变坏的温床。灰太狼抓到的羊一只不藏全留给老婆,这种精神可嘉,不藏私房钱的男人就是绝种的好男人。

注解:大多数男人在金钱面前的自控能力远远不如女人,这也是为什么多数女人不愿意放手财政大权的原因。于是,在私房钱这件事儿上,男人和女人便成了猫和老鼠,不停地在斗智斗勇。然而,也正因为有了这份纠结,才让夫妻间原本普通平淡的生活,变得喧嚣沸腾、有声有色了……

**8.灰太狼从来不与自己的老婆讨论对错。**老婆错了也是对的,红太狼说一不二,这种女人多有威严,太给女同胞们长脸了!嫁个这样的老公不用担心自己做错事,丝毫不用担心会发生家庭纠纷,舒心!

注解:不与老婆讨论对错的男人——最爱的人是妻子,最崇拜的人是夫人,最关心的人是太太,最心疼的人是老婆,最喜欢的人是爱人,最敬畏的人是内人。

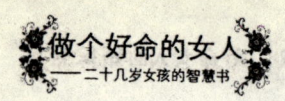

**9.灰太狼会做饭**。没有羊的时候,灰太狼怕饿着老婆,亲自下厨为老婆大人做饭,毫无怨言。一个会做饭的男人可以把女人滋补得像花一样,这是新时代男人必备的技能之一。

注解:"脑袋大脖子粗,不是大款就是伙夫",男人做饭久了,脑袋大脖子粗也是难免的事。同样,被旁人误以为是成功男人之一的大款也是难免的事。不可否认,天下大厨,男人居多,男人一旦爱上做饭这项高尚的事业,其兢兢业业的程度有目共睹。

**10.灰太狼特别会讨老婆欢心**。老婆不高兴了,灰太狼会想尽办法哄她开心。而且还是打不还手、骂不还口那种类型。不用担心家庭暴力的发生,有这样一个老公多爽!

注解:很多女人外表很坚强,内心却很柔弱,需要男人的呵护。她不在乎你给了她多少钱,却会永远记得你调皮地从路边花坛偷回的那朵放到她手中的月季花。她在厨房忙碌的时候,你从身后送来的一个吻会让她觉得幸福甜蜜。你们过马路的时候,站在左边的你紧紧握住她的手,不论是什么年纪,都会让她觉得安全。

综上所述,找一个灰太狼这样的老公才是女人的最佳选择。当然了,灰太狼之所以能成为女人心目中的偶像,还要归功于红太狼手里常常飞来飞去的那口平底锅。

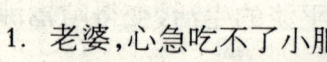

### 灰太狼语录

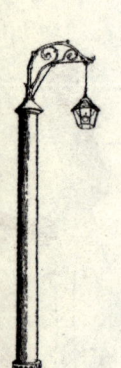

1. 老婆,心急吃不了小肥羊!
2. 老婆……我差一点就成功了!
3. 老婆,我抓羊去了!
4. 老婆,烧好开水等着我。
5. 老婆……我又失败了……
6. 老婆,我错了!
7. 老婆,你看我给你带来了什么!
8. 老婆,我回来了!

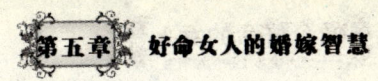

9. 老婆,我终于成功了!
10. 老婆,别生气了,生气对皮肤不好!
11. 老婆,这是意外,意外啊!
12. 老婆,你就等我的好消息吧!
13. 我怎么能打扰老婆睡美容觉呢?
14. 老婆,老婆,我……;老婆,我……;老婆,我我我……我……;老婆,我……;老婆,我我我……
15. 啊,老婆你这么说人家会很害羞的了。
16. 老婆,你听我解释!
17. 老婆,可不可以不请我吃锅贴儿了。

你不要试图把刚刚认识的他变成百分百符合你标准的"三好"男人。要知道,男人是天下最难改变的动物,他们的感情经历不可能像刚出生的婴儿一般纯洁,总会黏着些不清不楚的复杂关系。

 ## 不做剩女

当你在风云变幻的情场上付出了感情,失掉了金钱,赔进了青春,千万不要把这完全归结为遇人不淑,是对方的错。聪明的女孩懂得爱情需要经营,而不是一味地付出。她们爱得适度,爱得矜持,反而更能赢得男人的尊重。

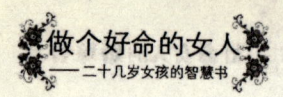

剩女,是那些大龄女青年得的一个新称号,也可以称为"3S女人":Single(单身)、Seventies(大多数生于上世纪七十年代)、Stuck(被卡住了)这些人一般具有高学历和高收入,条件优越。比她们年纪大的女人,孩子都上小学了,比她们年纪小的也在挑三拣四之后喜气洋洋地嫁人了;比她们聪明的没她们漂亮,比她们漂亮的没她们聪明——可偏偏被剩下的就是她们。先让我们来解析一下剩女产生的原因,好让年轻的女孩们做到防微杜渐。

1. 读书晚,毕业晚。大学校门一迈出,就已经是晚婚晚育的边缘。大学里谈了几年的男友在毕业后分道扬镳,没有成就一毕业就结婚的最初梦想。

2. 贪玩。工作后有钱啦!自由啦!自己住没人管啦!所以夜夜笙歌,乐不思蜀,根本没把结婚嫁人排入议事日程。

3. 感情的创伤。曾经有过嫁人的念头,但被现实因素扼杀。曾经痛苦的回忆,不敢再奢望爱情,更何况是结婚了。

4. 经济因素。现在大家总认为男人要强过女人。随着女白领收入的增加,身边男人拥有高收入的却并不多。

5. 年轻漂亮,骗死人不偿命。觉得无所谓,拖着就拖着呗,反正选择机会一大把,不得已时随便抓一个,身边条件好的男人不少。

6. 对婚姻的谨慎。男怕入错行,女怕嫁错郎,只想着这辈子从一而终,所以害怕嫁错了郎。犹豫再犹豫,时间就这么过啦!

对于剩女来说,结婚就意味着放弃一种生活态度,现在的生活是自由、潇洒的生活。婚后的生活面对的将会是烦琐,与其嫁了再逃出来,现在的生活可能更适合她们。

最重要的一点,还是心理。站在男人的角度感觉,剩女们之所以剩下,多半还是心理作祟,女人优秀,找的男人要更优秀,这应该是一种婚姻潜规则。但真正优秀的男人实在是少之又少,他们当中又有多少人喜欢个性、理智、有思想、有原则的女人呢?优秀男人喜欢的是小鸟依人,不是比翼双飞;优秀男人需要的是相夫教子,不是功成名就的女人。剩女毕竟不是圣女,但剩女却有圣女情结:自我、清高、孤傲。放不下心结就做一个独立的自己也蛮好的。最怕的是又放不下心结,又想嫁,在犹豫之中浪费着青春和自我。

下面对于不想沦落为剩女的女孩有几条建议,或许值得参考一下。

**掌握心理**

女白领,首选目标当然是学历、收入、年龄都能与自己相配的。但是男白领怎么想的?"其他无所谓,关键是相貌。"成功男人娶了漂亮女人就风光了,没有人会非议她的籍贯、学历、收入,而年龄则是越小越好。但女人就不同了,这种观念上的"不平等"会让女白领的择偶范围大大缩水,学历越高越如此。

**放下矜持**

女白领们,如果有自己心仪的男人向你"暗示",千万不要羞羞答答,要积极响应,太久的"考验"只会错过机会。

**主动出击**

太多的实例证明,"女追男"的成功率更高。这个社会,尤其是白领中间,"心好男人"还是不少的。所以要把握机会,大胆出击,只要你自身素质不差,对方没有女朋友或者你没有竞争对手,90%这个男人就是你的囊中之物了;即使对方有女朋友,在你的凌厉攻势下,仍有70%的成功机会;即使对方有妻子,在你的猛烈攻势下,仍有30%的成功率,只是第三种情况太恶毒,最好还是不采用为妙。

 **用点小伎俩**

常用的方法是：

1. 撒娇而不做作。也就是男人心情好的时候撒点娇，男人心情不好的时候别添乱。

2. 会哄男人。男人越失意，女人越有机会，男人的"体面"决定了遇到失意不会向同性表露，男人视男人为天生的"敌人"，谁也不甘示弱，这个时候有你温柔、细致的关心，成为"红颜知己"已经不成问题，那就已经成功了一大半。

3. 抓住对方的弱点去驾驭他。在密切交往的过程中，对方或多或少会有某些"把柄"（比如不愿为人所知的隐私、犯小错误什么的）让你抓住了，在不伤感情的前提下，可以巧妙利用这一点让他飘忽不定。

 **不要轻易失身**

凡事不能急于求成。当男人有性方面的要求时，不能因为爱的名义而一呼百应。别以为你不响应就表明你不爱他（男人有时会以此为借口），要知道一旦你那么做了，有些男人反而会猜疑你"轻浮"。当然，如果真的感情到了那分儿上，"水到渠成"则另当别论。

以上主要是对成为剩女的女孩的一点建议。当然，如果你不幸正在饱受剩女头衔所带来的压力，在此致以慰问。在深深地理解你的苦恼的同时，也深为你对爱情宁缺毋滥的人生态度鼓掌叫好。在这个浮躁的社会里，有多少人是真心为爱情而结婚的？所谓的爱情背后常常都有所附庸。而你为了等到自己心目中的白马王子，等得闺床上都长满了蜘蛛网，也绝不让一个青蛙跳上来。在你眼里结婚就一定要两情相悦，是为了真正的爱情而结婚的，不是被什么所迫，从你对待爱情的庄重态度上看，你甚至可以被称为"圣女"。所以，你大可不必为此而苦恼、伤心，甚至开始怀疑人生。

1. 你经过生活的磨砺越发美丽、聪明，靓丽地呈现在事业和生活中，这不是人人都可能实现的梦想。像你这样有学识、有样貌、有经济

## 第五章 好命女人的婚嫁智慧

基础,年龄在 30~40 岁的单身女性在网上被定义为现代"剩女",却也让"凡妇俗女"心生羡慕。虽说你的感情被剩下了,可是你有闲、有钱,可以潇洒地享受生活。不像有些女孩年纪轻轻就被男人的三两个小伎俩"骗"进婚姻,从此沦为男人的全职保姆、生育工具。

谁说只能用一个标准来衡量天下女人?并不是每个女人都需要爱情或者婚姻作为自己人生的支点才可以平衡或者说快乐。如果单纯为了结婚而走进琐碎平淡的婚姻,真的还不如不嫁。由"恨嫁"变成"盲嫁"是更悲哀的事情。和自己爱的人是一日不见如隔三秋,和不爱的人在一起就是度日如年了。不过,人毕竟不是单性繁殖的生物,最终还得找个伴侣来共度此生,繁衍后代。

2. 爱情面前,人人平等。你的高学历和高能力,是你选择最佳男友的资本,而不应该成为枷锁。中国几千年的恶习,大家普遍认同的是男强女弱的家庭模式,似乎男人们的自信都要靠找一个比自己差的老婆来提升。所谓"剩女不剩男"就是这个畸形观念的产物。可是,"剩女"剩了什么女呢?才女!在整体经济和知识都无限繁荣的今天,才女才是社会的"尤物"。"会当凌绝顶",你大可以自信风光地过好自己高品位的生活,而不是一味地感叹高处不胜寒。对于那些抱有愚蠢观念,不敢正视女人比自己强的"精神阳痿"的男人们,根本不值得你去屈尊去俯就。

3. 若想得到一份平常的幸福,你就要把自己当成平常人对待。你的优势并不能成为你苛求对方完美的必然条件,须知这个世界不存在完美先生。不完满的婚姻,并不妨碍你做一个完美的女人。同时,你要摒弃你对爱情设计的那些束缚。要知道,天雷勾动地火式的爱情,从来不需要设计,都是在自然而然的状态下产生的。

4. 女人的年龄可以当成个问题,但也不是问题。想想刘晓庆,出狱后以 50 岁的高龄嫁给年轻帅气的男友阿峰。杜拉斯,70 高龄了还可以找到 29 岁的小伙子当男友。如果你是真正的精品女人,大可以挑战比你年纪小的男人。

既然剩下了,就好好安排自己"剩下"的时间吧。人生不是只有爱

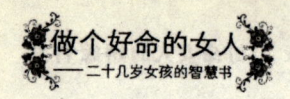

情这一件事,即使成了"剩女",也别只剩下抱怨、悲观和自卑,也要做个优雅从容的女人。学习、读书、健身、享受、旅行、做点善事,善待朋友,多陪陪亲人……大把的事情等着你去做。就是别凑合着生活,别亏待了自己,更不要将来随便找个理由匆匆忙忙把自己嫁了。即使感情被"剩下"了,婚姻被耽搁了,也要有自己的尊严和美丽。否则,你就可能什么都剩不下了。

从那一年剩到了这一年,从上个世纪剩到了这个世纪,剩的滋味只有剩客自己心里最清楚。有谁想剩下呢?剩客一直在做梦,不想从梦中醒来。剩客一直在梦游,自知却不能自控。剩下的是精华?失去的是年华。聪明的女孩绝不会让自己剩下。

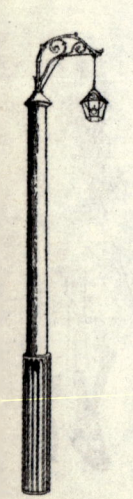

## 第六章
# 好命女人的职场智慧

　　办公室说白了就是一片"什么鸟都有的林子",因此熟悉这片"林子"的人常说,"办公室里是非多",表面上看起来风平浪静,但是暗里争斗却异常凶猛。生活在办公室的潜规则下,女孩们务必小心翼翼,深谙办公室独善其身之道。只要你懂得办公室里这些是是非非的潜规则,自身便是"百炼金刚",即使修不来职场中的"不死之身",至少在遭遇突发事变时也可自保。

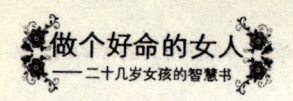

##  让 HR 对你一见钟情

二十几岁的女孩,多数都是刚从大学校门出来的"学生娃子",很多女孩误把面试当考试,持书、带笔,证件、证书一大摞,准备了多日,将所有可能的问答倒背如流。结果面试过程中,破绽百出,人事部经理一句"回去等通知",就被无情地 Pass 掉了。二十几岁的女孩,你已经毕业了,就不要再有小女生的学生相,只有学得聪明一点,才能顺利通过职场第一关。

面试不是你从踏入这间公司面对你的面试官开始,而是从你接到面试通知的电话开始。声音、语气、说话的方式和速度都能反映一个人的素养,在接听电话的过程中要始终保持像接男朋友电话一样的高度热情。要尽量选择安静的地方接听,说话不要急也不要慌张,要听清对方说什么,不要反问。对于面试的时间尽量不要去更改,有时候必须要选择的,鱼与熊掌不可兼得。

在你的求职计划实施之前,请务必挤出一些时间,做以下功课。

首先,明确自己的优缺点并且根据自己的长处来精心设计简历。如果某些特点你不能确定是好是坏,请你的亲朋好友谈谈对你的看法将有助于你更客观地认识自己。简历一定要言简意赅,一般来说,应当用 A4 纸打印,篇幅不要超过一页,同时不要遗漏任何对你有帮助的经历,当然要贴近事实,以免弄巧成拙。

其次,可以针对自己的弱点做些补救工作。比如你的英语一听就像伦敦郊区的方言,而你的意向是进入外企,那就该好好啃啃类似面试英语大全之类的文章,至少要将自我介绍、工作经历、离职原因之类的问题背诵无误。

如果你是打算应聘做技术一行,在专业知识方面更应该准备充分,因为此类职位面试时通常会问到一些有关的技术问题,说不定还会有一场笔试。对于你打算加入的行业,除了要掌握基本知识外,还要了解一些最新的动态。此外,薪资的信息搜集也不可忽略,结合自己的情况,大致估算一下自己的价值,要做到心中有数。

最后,准备一下面试中可能遇到的提问。通常提问中很大一部分会针对你的简历,所以请仔细研究自己的简历,设想一下会有什么问题以及比较理想的答案。关于提问请注意收集别人的经验或上网多多搜索,准备好符合自己情况的回答,最好要原创不要抄袭。如果有可能,请家里人和你做个模拟面试问答就更好。同时,衣着和化妆也非常重要,相信每个女孩已经在各种面试宝典中得其要领,在此我就不再唠叨了。

面试时应该准备好以下标准装备。

1. 文凭和各种证书。这些你最重要的武器,俗称"敲门砖",只要带复印件即可。如果你有一些自己工作成果的证明或者作品什么的请带上,这可是你的"秘密武器"!

2. 最新的简历。请多准备几份,如果不止一个面试官的话,说不定会派上大用场。

3. 钢笔或圆珠笔两支。如果有笔试,或者需要记录什么东西,就不至于狼狈地向面试官借了。为什么要两支?做备份呗!

4. 记事本。最好是半旧的,向面试官表明你是个做事认真并且条

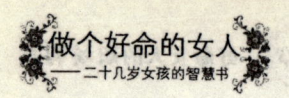

理清晰的人。

5. 照片和身份证。有可能用不着，备着也不错，给自己一点信心，说不定就当场搞定了呢。

6. 公文包一只。用来放置上述物品。

7. 带一本书。通常等待面试时间较长，看书既可以打发时间，又可以借机展示一下你的勤奋好学。

准备好了这一切，剩下的就是通过地图确定到达面试地点的路线，你要特别留意一下住地到对方公司的交通，无论坐车骑车，选一个时间最短的答案备用。有空的话，最好能先跑一趟，观察一下公司周边的环境，看看对方公司的"档次"，用行话来说就是"踩点"。

向接待者说明自己的应聘者身份，很多情况下会立即与面试官见面。如果需要等一段时间，接待者会指定地方让你坐等，你可以看看自己带的书，也可以观察一下公司的情况，或看看公司的宣传资料以把握最新信息，但不要幅度很大地东张西望。在某些时候，你会得到一份笔试题，不要紧张，把水平都发挥出来吧！如果有期望薪资的项目，请填写"面议"，这样有利于接下来的薪资协商。

接下来就是最关键的面试。面试的形式有多种，也可能会有好几轮面试，你可能会单独面对两个以上的面试官，也可能和其他应试者一起面试。不同的情况你要有不同的对策，但首先一条，在任何情况下都不要慌张。如果是多人一起对你轮番轰炸，你一定要大胆表现自己，这种场合下，面试官注重的是面试者的综合素质。不要害怕开口，不说话比说错话还可怕，第一轮淘汰的往往就是不说话的。

多数情况下，你会有一个单独面试的机会，这才是你面试的决定性时刻，有时会是几个部门的负责人一起面试你，有时仅有一个面试官。一般先出场的总是这个职位所在部门的负责人，他们的目标是通过提问来判断你是否有能力和诚意担任你所申请的职位。在回答提问时，要注意察言观色，并保持自然诚恳的态度，认真倾听面试官的提问，判断他提问的目的，从而做出简明清晰的回答。尤其要注意的是，不要被面试官的态度所影响，无论他流露出蔑视你还是欣赏你的意思。在回答关于你的经历的提问时，千万不要用含贬义的词语来谈论

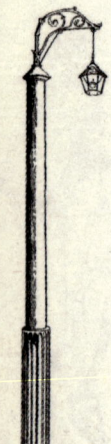

你以前的上司或公司,因为面试官此时正处于上司和公司的立场上,对你不会有任何认同感的。面试过程中,最常见也是最"恶毒"的是以下三个问题,如果你解决好了这三个问题,相信你已经十拿九稳了。

**问题一:你认为自己最大的缺点和优点是什么?**

对于这个问题,最经典的回答莫过于,"我的最大缺点是太勤奋太拼命了,以至于常常忘掉了休息……"此语一出,相信面试官们一定会狂吐不止,这句话的最大缺点就是太经典,所以万万不可采用。如果老老实实一五一十地回答,"我的英语没过六级""我性格内向不善与人交往""我学东西学得比较慢",结局那就可想而知了。

推荐答案:我觉我最大优点是做人的素质比较高,做事情认真负责有始有终,肯吃苦肯付出。

**问题二:为什么选择加盟我们公司?**

推荐答案:"我用的电脑,就是贵公司的产品。这四年来它处理图像、文字的速度,都让我非常满意……"总之,回答一定要走"亲和力"路线。

**问题三:"你期望的工资是多少?"**

请注意,这是最后一个致命的"陷阱",差之毫厘,就会谬以千里。说实话,你肯定想开出一个"天价",每月的工资能买得一克拉的钻石该有多好!这等好事想想倒无妨,至于怎么说可就不能直抒胸臆了。

推荐答案:一份与我的能力以及与贵公司的实力相符的薪水。

作为面试官提问的结束,通常会询问你有什么问题。你不能回答没有,也不要泛泛而问,你可以询问公司运作状况,以及所申请职位的具体工作内容等,要表现出你对公司有一定兴趣和诚意。最后,别忘了请面试官留下联系电话或名片以备日后联系之用。到此,你能做的都做了。至于结果如何,只能是"谋事在人,成事在天"了。

面试官一般会告诉你在一周内给你回复,但没有回音也是常有的事,你也不必干等。最好在面试结束后一周内,给面试官打电话表示感谢,询问面试结果,并进一步表达你对这份工作的热情。这一关虽说是举手之劳,千万不要忽略,或许它会给你带来极大的转机。

哲思小语

你已经做了该做的一切,如果运气足够好的话,就可以心情舒畅地开始你新的职业生涯。如果你还差那么一点运气,别泄气,一切只不过是从头再来而已。

## 女孩有"钱途"的职业

世上有三种物质:女人、男人和钱。有了钱的男人渴望爱他的女人,有了钱的女人渴望爱她的男人,没有钱的女人渴望爱她的男人有钱,没有钱的男人渴望一个不爱钱的女人。不管怎样,聪明的女孩一定要学会选择有"钱途"的职业。

你是否为要不要进修,或者选择一个行业而苦恼?作为一个女孩,你从事怎样的工作,是否开心和满足?你有没有自己的理想?踏上社会的那一刻,现实逐渐将你的傲慢吞噬与扼杀,可你又不甘心现在的生活,你的选择是什么?目标是什么?怎样才能找到适合自己的那条路?下面为你指出八条有"钱途"的职业作为参考。

 **公关**

"公关"是女人的"传统优势项目",也是现代社会经济生活中一门

高深的学问。在传统上，女人比男人具有更大的公关优势：表达能力、交际能力、协调能力都比男人强而且情感丰富。在竞争越来越激烈的知识经济与眼球经济并存的时代，公关比任何时候都更重要。

中高级公关小姐总是在全球各地飞来飞去，为其效力的公司做专题、组织培训，以至企业战略咨询、与政府的联络等，成为最耀眼的白领职业之一。女孩只要拥有一流的外貌，二流的口才，三流的能力，就足以胜任公关的角色，但前提条件是对手是男性。

**人力资源**

在国外，没有行政经理一职，只有人事经理专门管理公司的行政事务、人事安排、职工考核培训，建立公司人事制度、利益分配制度等，权力自然是一人之下万人之上。国内随着体制改革和经济开发的深入，人力资源的开发和管理越来越受到重视，一个现代企业，最重要的不是资金是否充足，而是有一群有知识有能力并与企业同生共死的员工，而女性所特有的亲和力及号召力使她们更胜任人事经理的工作。只要女人动动嘴，足可以让男人跑断腿。

**传播媒介**

如今是传媒时代，任何一点风吹草动都可以在一夜之间传遍世界的每一个角落，因而传媒红人无不红得发紫，从湖南卫视"快乐大本营"台柱之一的李湘，到由影星转而操刀电视的第一富婆刘晓庆，到原来效力于传媒后来驾驭传媒的杨澜，女人在传媒媒介中始终是一道亮丽养眼的风景线，她们的收入自然是一般人几辈子也挣不来的。只是这行入门门槛比较高，需要女孩拥有天生丽质难自弃的美貌，还要有后天勤奋努力以至于处变不惊的睿智，这些将大部分女孩拒之门外。

**外企白领**

外企白领不是一种职业，而是很多种职业的总称，泛指在跨国企

业里任中高级职务的人员,她们的言谈举止显示出她们经过了良好的专业培训,中文、洋文随口便来。她们穿着高档次的优雅套装,淡妆浓抹,进出于高级写字楼。她们的收入是国内一般职员收入的几倍到几十倍,如以人民币计算,月收入应在七八千到数万不等。如果是年薪制则会更高,而且还有嫁给"洋人"的几率,实在是难得的美差。这一类的代表人物是曾经的吴士宏,她在微软任中国区总经理的时候名利双收,荣获"打工皇后"桂冠,以至于无数少女都以她为榜样,发誓要像她那样出人头地。

### 注册会计师

这是一个和男人争夺饭碗的行业,目前男女比例大约是一半对一半。虽然女人只占半壁江山,但整个行业的前景非常看好,市场缺口很大。最近几年注册会计师考试统计数字很能说明问题。女孩有时间一定要考个注册会计师来应对未来职场的风云变幻。

### 保险经纪人

同保险代理人一样,保险经纪人代表投保人购买保险单或介绍保险业务,促使保险合同成立。不同的是,保险代理人代表保险公司与投保人洽谈保险业务,保险经纪人的佣金,一般由保险人即保险公司支付,其主要形式有保险经纪人佣金、招揽佣金、特殊佣金等。美国保险经纪人平均年薪约在20~30万美元,属于高薪收入行业。随着中国加入WTO,保险业的开放,随着人们投保意识的不断增强,保险经纪人及相应的薪资水平将逐步提升,是女孩们大展宏图的好时机。

### 职业经理人

职业经理人一向是男人的领地。但近年越来越多的女性进入这个行业。职业经理人一生的目标便似乎是在各个大公司里当经理。这个行业的女中豪杰之中,前面说的吴士宏是一个,格力空调营销总经理董明珠是一个,在一些大的股份制企业里,副总经理的年薪达到

50~60 万元人民币,部门经理的高层管理人员也可达到 30~40 万元人民币。看到每年 6 位数的薪水,你是不是已经心动了呢?

 **金融银行业**

金融银行业在国内算是垄断行业之一,一般职员的薪金在全国平均薪金中高高在上,进入这个行业的门槛很不容易。加入 WTO 后,垄断打破,国外大量的资金进入,大量的投资人进入,带来了大量的人才需求,拉动了行业薪资水平的攀升,据预测,一般骨干员工的年薪在 6 万元人民币左右,中层管理人才的年薪 20~30 万人民币,高层管理人才的年薪可达 50 万人民币以上,甚至冲上 100 万元人民币大关。

俗话说:"男怕入错行,女怕嫁错郎。"但随着社会发展的日新月异,这句话也可以有另外一种理解,就是"女怕入错行,男怕娶错妻"。女人一旦入错了行,发展空间将会受到限制,而女人天性中渴望稳定的思想又会让你难以有勇气去转行。所以,对于尚未进职场的女孩一定要多将眼光投入有"钱途"的职业当中去,培养对自己所选择行业的兴趣,并为之努力奋斗。

 **哲思小语**

男人常常会为自己的前途做出一些牺牲,这份牺牲里难免会有女人们最纯真的感情。既然现在社会讲究男女平等,聪明的女孩也要学会做出一些牺牲,可能是某个花痴的一点痴情或是对自己的兴趣爱好做出一定的让步。真正选择一个有"钱途"的职业,赚够了"银两",你离你的兴趣爱好就不远了。

## 戏说"性骚扰"

对于性骚扰,女性的第一反应是喊打。可性骚扰是如此的面目模糊:甲感到不适的骚扰言语,乙可能不以为然;在 A 场合下不适宜的骚扰行为,在 B 场合下却能欣然接受,甚至增进彼此关系。

几年前,"性骚扰"对我们来说还是个新词,实际上在一些发达国家,从 20 多年前就开始把性骚扰当成一个重要的社会问题,有各种各样的法规禁止性骚扰。在我国,这几年也陆续出现了一些性骚扰官司,特别是将"禁止对妇女实施性骚扰"写进了修改后的《妇女权益保障法》,人们对这个问题开始关注起来。

性骚扰的范围如何界定呢?所谓的性骚扰是指所有不受欢迎、带有性意味或性别歧视的言行举止。而如果发生在职场上或劳动契约的履行过程中,则称为职场性骚扰。职场性骚扰又分为交换式性骚扰与敌意工作环境性骚扰两项,前者是有管理监督权者对于下属作出性骚扰,且以升迁、考绩等

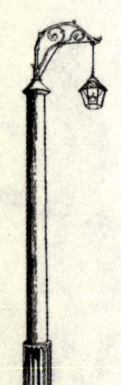

作为交换条件,后者则属于同事或客户等,对受雇者造成胁迫性或冒犯性的工作环境,侵犯干扰其人格尊严或影响其工作表现。

敌意工作环境是最常见的性骚扰形式,包括同事间的黄色笑话,工作场所张贴或摆设裸女海报,传阅色情书刊,制造不必要的身体碰触等都是。

张丽在大学时学的专业是文秘,毕业后进了一家非常不错的公司给经理当秘书。经理是一位已婚男子,工作能力强,对张丽也很照顾,同事们对他也都很敬重。但他总是会有意无意地摸张丽的手,虽然每次张丽都及时避开,但张丽心里总是像吞了一只苍蝇那样难受。日子就这样一天天地过,经理的骚扰还在继续甚至有些升级,但她还是坚持在那里上班,毕竟经济危机的情况下找工作并不容易,而且这家公司给的待遇非常优厚。张丽曾几次发狠想离开这家公司,但又舍不得那里的高薪待遇。想跟老公说,又怕他误会,以为她在勾引上司。性骚扰,彻底扰乱了她的生活。

在对付办公室性骚扰方面,舆论武器作用要大于在其他场合。初涉职场的女孩子可以通过自我的一言一行树立自己在同事中的形象,让舆论站在自己一边,从而增加自己的免疫力。

当你为了一个大订单讨好客户,为一次升迁的机会巴结有权势的大人物或为得到一些超出别人的关照而极力想和上司搞好关系的时候,你就正处在被骚扰的边缘。在这些人的逻辑里"你既然有求于我,那么让我开心是应该的"、"即使你不愿意也不会反抗,更加不敢声张",这些无耻的骚扰者甚至会想"如果你敢揭穿那就可以反咬一口,诬陷你是为了达到个人目的而以色相诱惑"。

所以,女孩子在职场中应明白"无欲则刚"的道理,以平常心对待自己的工作,看待工作中的机遇和利益的诱惑。要知道工作只是我们生活中的一部分而绝不是全部。不奢望不属于自己的东西,也就不会失去原本属于我们的尊严。女孩要维护自身的尊严,在工作中要注意三点:

一、凭本事做事,不凭关系做人。

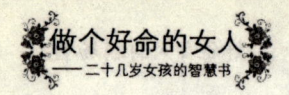

二、勇于承担自己工作失误的责任，不为逃避处罚寻求上司庇护。

三、只加入公平竞争，不羡慕趋炎附势而得胜的人。

同时，要让好色之徒不敢轻易冒犯，你需要在办公室里树立自己的光辉形象。因为无耻的骚扰者经常会挑选幼稚软弱的对象下手。幼稚的表现多种多样，比如意义不明的暴露，和男同事的距离把握不当等都可能被办公室里的同事误解为轻浮，而善于选择猎物的骚扰者会利用这一点。当受害一方大声控诉骚扰者的无耻行径时，别人会主观地认为好像那个女孩子一向很风骚，而对骚扰本身表示怀疑，滋事者因而更加猖狂。

有一些懦弱的女孩子羞涩、腼腆，好色之徒正好利用她们受气不说的弱点而一再纠缠。这就需要在平日里，用严谨端庄的形象配合你的言行让同事们都知道你是一个很规矩的正派女孩，一旦你指证某人为骚扰者，让他成为过街老鼠式的办公室公敌，惹你之前他要三思而后行。

性骚扰有时候会防不胜防，这时候就需要你采取积极的策略，将对方的邪恶思想坚决扼杀。当你正处于被性骚扰时，千万不要有怕羞的念头。要态度严肃目光坚定地逼视对方，以鄙夷的口气大声地斥责骚扰者，他们干的是见不得人的事当然怕人听见。要立即明确地把内心的不快说出来，让骚扰你的人停止类似的行为。如果对方再犯，你就可以在有人在场的情况下，把被骚扰的事说出来，一旦骚扰升级，你就有了旁证人。

如果你不得不独自去面对对你有骚扰企图的同事或上司，可以让你的一个朋友每隔一定时间CALL你一次，以便你在尴尬的时候可以借故离开。假若你被骚扰，而无论你怎么样都逃不过对方的"魔爪"，你准备诉诸法律，但一定要事先注意收集证据——录下对方的话、保存对方不怀好意的礼物、有意地制造"人证"，甚至可以让对方的家人知道，这样你就再也不用怕被骚扰了。

## 第六章 好命女人的职场智慧

### 哲思小语

年轻的女孩初涉职场，难免会成为职场"老油条"的骚扰对象。是为保住饭碗任其肆无忌惮，还是为了尊严坚决反抗？这的确是个艰难的选择，你能做的就是用智慧让对方放下罪恶的双手，还自己内心一份平静，让自身拥有一个良好的工作环境。

## 潜伏在办公室

什么是办公室潜规则？无非是如何看上司脸色，不要多说话，不要越级上报，等等。说实话，这对于常年游刃于高档写字楼里的人来说，实在太小儿科了。

二十几岁的女孩可能刚入职场，或在职场已经打拼了几个年头。在你工作的过程中，难免会出现受委屈和同事明争暗斗的情形，这一切让你头疼不已。你也许想过放弃现在的工作，只可惜没有让自己一切从头再来的勇气。既然改变不了别人，那就开始改变自己，让自己变得聪明起来吧！只要动一动你的脑筋，工作就可以很顺心，同事相处可以很愉快，但前提是你必须要运用自如以下办公室的潜规则。

1. 你加入一个圈子，就成为所有人的敌人；你加入一个圈子，就成为另一个圈子的敌人；你加入两个圈子，就等于没有加入圈子。只有孤独求败的你才可完全避免圈子的困扰——这种人通常只有一个

圈子,圈子里只站着老板一个人。于是所有人都是你的敌人,但没有人敢敌视你。

2. 放弃第一,勇争第二。名次与帮助你的人数成正比——如果是第一名,帮助你的人可能只有一个;第二名处于弱势,帮助你的人可能就会有两个。用第一的心态,甘心做第二,永远收获大于第一。

3. 必须积极参加每一场饭局。如果参加,你在饭局上的发言会变成流言;如果不参加,你的流言会变成饭局上的发言。所以,职场上的饭局与情人的烛光晚餐相比,前者更为重要。

4. 八卦定律。和一位以上的同事成为亲密朋友,你的所有缺点与隐私将在办公室内透明化;和一位以下的同事成为亲密朋友,所有人都会对你的缺点与隐私感兴趣,只要你有点风吹草动,办公室里的福尔摩斯们便会陷入深深的思考之中。

5. 加班是一种艺术。如果你在上班时间做完所有的事没有加班,上司会因为你没有加班而认为你不够勤奋;如果你在上班时间没有做完所有的事,你会被认为工作效率低下。面对如此的尴尬境地,还是对自己默念:回自己的家,让别人加班去吧!

6. 秘密的意义。如果一件事成为秘密,它存在的最终目的就是被人知道。如果一个秘密所有人都知道,你必须说不知道;同理,如果一个秘密所有人都说不知道,则可以推断,所有人都知道。

7. 必须理解开会是一种"道"。开会不能不发言,否则老板不会注意你,但发言不能有内容;如果你的发言有内容,最好选择不发言——开会的目的是寻找一个解决问题的方法,在大部分情况下,这个方法就是开会。所以在开会的时候,你要勇于说一些废话。

8. 必须掌握一种以上高级语言。高级语言包括在中文中夹杂外语、在怒骂之中附送奉承、在表达保密原则同时揭露他人秘密、在黄段子中表达合同意向。语言技巧高是下乘,发言时机好是上乘。使用高级语言但时机不对,不如使用低级语言,但时机正确。

9. 必须理解"难得糊涂"的词义。糊涂让你被人认为没有主见,不糊涂让你被人认为难以相处——"难得糊涂"在于糊涂的时机,什么

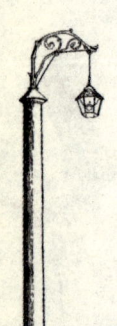

时候糊涂取决于你不糊涂的程度。

10. 必须明白集体主义是一种选择。如果你不支持大部分人的决定，想法一定不会被通过，而且很容易被孤立；如果你支持大部分人的决定，你将减少晋升机会——有能力的人总是站在集体的反面。想做孤独的领导，还是想做受人欢迎的群众，就要看你如何选择了。

11. 让婚姻状况成为秘密。隐婚人士在办公室谈情是一场喜剧，单身人士在办公室谈情是一场悲剧。最好的结果是，已婚人士获得一场办公室爱情；最坏的结果是，未婚人士获得一场办公室婚姻。最后一条，不到万不得已，永远不要打老板的主意。

12. 将理财作为工作中的一部分。上司在身边的时候，要将手机当公司电话；上司不在身边的时候，要将公司电话当私人手机；向同事借钱，不借钱给同事；陌生人见面要第一个埋单，成为熟人后永远不要埋单。最后一条，捐钱永远不要超过你的上级。

13. 必须论资排辈。如果你不承认前辈，前辈不会给你晋升机会；如果承认前辈，则前辈晋升之前，你没晋升机会——论资排辈的作用，是为有一天你排在前面而作准备。你想插队吗？这危险系数不亚于"插足"。

14. 必须学会摆谱。如果你很靠谱但不摆谱，大部分人都认为你不靠谱。如果你不靠谱但经常摆谱，所有人都认为你很靠谱。至于你自己是怎么样的人，心里一定要有谱。

15. 须与集体分享个人成功。所有人都是蜡烛——要点燃自己并且照亮别人，如果你只照亮自己，你的前途将一片黑暗；如果你只照亮别人，你将成为灰烬。当你获得晋升时，一定拿出一小笔资金来打发这群牛鬼蛇神。

16. 须遵守规则。要成为遵守规则的人，请按显规则办事；要被人认为是一个遵守规则的人，请按潜规则办事。显规则和潜规则往往相反，当二者发生冲突时，按显规则说，按潜规则做，这是最高规则。如果两种规则你都不放在眼里，那么你很快就会从老板与同事的眼中消失。

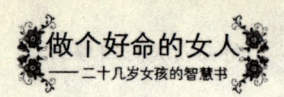

17. 必须理解职责的定义。职责是你必须要做的工作,但办公室的生存定律是,职责就是你必须要做你工作之外的工作。

18. 必须懂得做表面文章。能做会议幻灯片的,不能私下讨论;可写报告的,不能口头请示。如果一件事情你已经完成,但没有交计划书,你可以当它已经完成——毕竟所有学过工商管理的老板都固执地认为,看计划书是他的事,执行是下面的事。

年轻女孩要懂得出来打工,办好手头的事对得起工钱足矣。不是说不让你努力进取,担负更大的责任,而是你要审视自己到底能承担多少责任。老板和同事,上司和下属,都不是我们的亲人,没有必要对他们的话、他们的态度过于关注,表面看起来尊重就行了。

##  职场有"雷区",小心被"雷"到

小心!办公室里有地雷!这些"地雷"颗颗都埋在为人处世、树立口碑的细微处,"马大哈"一样乱踩就会害人害己。别说"这些道理我都懂……",职场中的地雷,你百分百都避开了吗?

眼看你的同事升官的升官,加薪的加薪,你却原封不动,这是怎么回事?你百思不得其解,甚至怨声不绝。出现这种情况,你有没有想过

从自身来寻找原因?当然,这种事情落在你的头上,不一定就是你的能力不足,而是你的职场人际关系不足。如果你人际关系不好,你永远不会有出头之日,这是残酷的事实。为了以后的发展,请你细心阅读下面的几点,这些可能就是你停滞不前的原因。

 **分内工作做好,就够了**

错了!工作能力、效率、可信赖的程度,甚至你的学历,都不会是单一指标,也不会是最重要的。无论你是教师、会计或秘书,工作环境本身是由人组成,每人有每人关心的事务与优先顺序,学习如何调节与上司或同事之间的重心,这就是所谓的公司政治。不管你如何愤愤不平,你在这个公司的前途,就看你是否能处理好日常工作中的小细节。

 **不理会谣言**

错了!谣言是公司的生命力,很多事情的迹象从那开始。谣言是山雨欲来前的风向征兆,即使谣言的细节都不对,但是无风不起浪,你只要对谣言进行细致的推测,就能发现公司的一些端倪,从而让你有备无患。譬如说,有人看到最近公司的董事长与总经理私下经常开会。这时候难免就会有谣言伺机而起。发现这个问题的人第一个告诉了你,你异常神秘地开始向其他人传播,如果告诉你的人知道是你传出去的,下次你就不会听到消息了。这并不意味着一定要远离谣言,然而有时你也得加入小道消息,一副没有兴趣的脸也会让人以后传播小道消息时越过你。原则就是,要有兴趣听谣言,但不要让大家都公认你是"广播电台"。

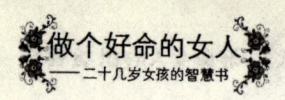

### 同事当做同学

错了！假如你刚进一个新公司，很快与年龄相仿的小琴关系急剧升温。她对你的家务事清清楚楚，知道你男朋友的小爱称，连你的生理周期她都晓得，再加上你们形影不离（上班时间），吃中饭时通常是你倾吐心事的时候。这一切让你觉能交到这么贴心的朋友真好。但是如果几个月后，你升职加薪，而小琴没有，更巧的是，你成为她的上司，这时，身为你的好朋友，她应该会替你感到高兴吧？但是，权力与地位的差异常常会改变许多人的想法，尤其是关系到一个人的前途时。如果小琴因强烈的忌妒而不再是你的朋友，你这时可能会开始担心你以前透露的所有秘密。当然，最不幸的结果是她真的开始传播，而且让你的威信在众人怀疑的眼光中大打折扣。

### 轻视敌人

错了！大部分人觉得朋友会给自己最大支持，敌人则捏造莫须有的罪名来陷害，认为只要不去理会他就可以。事实上，朋友说好听的给你听、安慰你，让你紧绷的神经开始放松，渐渐也就丧失了危机感。相反的，你的敌人恨不得抓到你的小辫子，你一出错，他们马上指责，恨不得将你开刀问斩，他们攻击你最脆弱的地方。所以正视敌人的着眼处，这样的好机会可让你重新查缺补漏，让自己毫无破绽，一旦他们发起攻击，你已经气定神闲地准备好了。职场敌人可以被蔑视，但万万不可被轻视。

### 露骨地拍上司的马屁

错了！拍马屁这门技术，相信是每个在职场生存的人都渴望拥有的，但真正能领悟其精髓的人并不多。对于初涉职场的女孩，如果没有丰富的实践经验与众多的成功拍马屁经验，一切都要小心行事。毕竟，露骨的马屁跟露骨的着装相比，前者会更令人生厌（尤其是男上司）。露骨的马屁有很多，比如，经理您今天看起来好年轻。上司不是笨蛋，你昧着良心的话他／她肯定听得出来。拍马屁真正的秘诀是你要找出他/她真正让你佩服之处,然后适时赞美,就像你的父母夸赞你房间很干净,当你考满分时学校老师夸赞你一样。比如,一件非常难处理的事情,你无法自作主张,最后请经理帮你妥善解决的,你就可以说,"经理,你昨天的处理方式,让我们能够把任务顺利完成,多亏有你出马"。

### 穿着过于性感

错了!衣着和外表是一种交流的形式。80后的女孩在穿着上勇于追求个性,敢于用性感来进行包装。但如果将这种魅惑众人的服饰穿戴用到工作中,那么绝对是弊大于利。其利是可以让男同事们刺激一下视神经、缓解视疲劳,弊是可以为男同事们对你进行性骚扰找一个借口。穿着过于性感的弊端则主要体现在,一位职业女性脚穿高跟鞋,身着缎衫和迷你裙并化浓妆,那么她表示的是在性挑逗而不是职业上的交流,很容易让老板对你的工作能力产生怀疑。所以,要想在工作中取得成绩,女性的穿着应该符合身份。

### 与老板关系过密

错了!上司永远是上司,是你的上级,千万别因为上司赏识你而得寸进尺,忽略了你们之间的差距。上司一般时候也许可以维护你,但发生有损公司利益的情况时,你一定只是他手下的一个棋子而已,更为严重的后果就是弃卒保帅。在日常的工作中要注意与上司保持"产生美"的距离,尊重他、服从他,做到亲近而不亲密。

### 大声说话

错了!打电话是件小事,但却关系到你的整体形象。如果你经常在办公室中大声打电话,而且眉飞色舞,并有在每句话末尾突然提高音调的习惯,就会让你在办公室的形象大打折扣。办公室里打电话一定要顾及同事的感受,不可太张扬。

### 最后5分钟

上学的孩子往往都会有一个毛病,就是在每天还有5分钟要放学

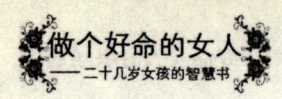

回家的时候,就会变得异常兴奋、烦躁不安,尽管老师还在台上唾沫横飞,但学生已经开始漫不经心地收拾书包。十几年上学养成的习惯,往往也会被许多人带到职场上。

虽然快下班了,但是也不可以松懈。在这"黎明前最黑暗的5分钟",一定要管好你自己。将近下班的时候,需要定下心来,除了将一天的工作做个妥善的总结外,你还有四件事要做。

首先,整理备忘录。备忘录上记载着一天的工作摘要,包括当天会见的人士,新获得的名片资料等等。内容多半繁杂无章,故在一天工作结束前将它整理一下。

其次,检查工作表。当天应进行的工作项目,已完成的做上记号,对未完成的项目也做到心中有数。

再次,拟定明日的工作表。列出次日应进行的工作项目,拟订工作表,此时可参照备忘录,以防疏漏。

最后,整理办公桌。下班前将办公桌整理得干干净净,才算真正结束一天的工作。做好这些后,你就可以迈着轻快的步子,轻松地下班了。

职场里,充满着阴谋与陷阱。正所谓人在职场,身不由己!怎样才能成功地躲避这些陷阱,顺利地实现心中的梦想呢?做好以上的事情吧!也许你会有意想不到的收获。

以往每每说到职场,人们喜欢用的词汇是成长,甚至是励志,但是却很少有人用过"生存"这样残酷的字眼。因为它给人紧迫感,还包含着挣扎与艰难。然而,这恰恰是当今职场的现实。

第六章　好命女人的职场智慧

## 恶魔上司在身边

上天在你的人生旅途中会安排各种老师，让你去向他们学习。也许他们和你的相貌不同、声音不同，也许他们都不是你期望的类型。但重点是，他们的见闻比你渊博，这就是你应该向他们学习的理由。如果你到现在还没发现恩师，那也没关系，只要张大眼睛，恩师一定会和你相逢，将会传授你必须学习的经验教训。

二十几岁的女孩走出校门，开始步入职场，需要迎接新的挑战。有的女孩比较幸运，遇到会尊重下属、维护下属的好上司。但有的女孩却很不幸，遇到常常爱批评人，要求非常严格的上司，致使初涉职场的女孩对工作失去信心，开始不断地向身边的人倾诉、抱怨，希望在获得别人同情的同时获得一点心灵上的安慰。正在饱受恶魔上司折磨的女孩们，别傻了，消极地抱怨上司永远不会改变什么，你要做的是努力去改变自己，最终当你破茧成蝶，你会发现其实恶魔上司也挺可爱。

2006年美国电影《时尚女魔头》就是反映恶魔上司的轻喜剧。故事讲述的是一个刚毕业的女生安蒂得到了一份所有女孩子梦寐以求的工作，为顶尖时尚杂志的主编普莱斯利做助理，而这位主编却是以严厉著称的女恶魔。安蒂在初入工作岗位时就碰了一堆钉子。安蒂刚出校门，在穿着上非常朴素，但这让做时尚主编的普莱斯利简直无法

忍受,以至于用犀利的语言来讽刺安蒂。

由于恶魔上司非常忙,她所有的日常安排都由第一助理艾米莉安排,而去落实这些具体事项则完全成了身为第二助理安蒂的工作。安蒂常常奔走于办公室与城市繁华地带之间,手里的电话一直响个不停,新的任务如雪花般飘来。普莱斯利之所以被称为恶魔,必有其过人之处,就是她常常喜怒无常、计划永远比变化快,这一切让安蒂时刻处于精神崩溃的边缘。当然,这些还都是小把戏,最要命的是普莱斯利还会交代安蒂去办她简直不可能完成的任务。比如,在狂风暴雨的晚上,普莱斯利要飞往另一个城市,要安蒂去为她安排航班,可当时的情况是因天气原因所有的航班已经都取消了。就是在这样一个恶魔上司的统治下,安蒂凭借自己的努力,逐渐让自己变成了时尚丽人与工作强人,无论多么难以完成的任务,她都会让恶魔上司达到甚至超出她预想的结果,最终让恶魔女上司对她大为改观,并委以重任,取代了第一助理艾米莉。

与上司搞好关系至关重要,可以说一个下属与上司的关系如何,直接关系到他工作环境的优劣和未来的发展。如果初涉职场的你不慎得罪了上司,应该怎么办?

### 学会与上司化解矛盾

化解矛盾的根本出发点有两个:一个是尊重事实,另一个是人格平等。上司和下属在人格上是平等的。如果自己没有做错,却一味顺从上司的批评,对自身的发展是不利的。如果上司的不满是由于下属工作没做好,那么勇敢地承认并做出一定的承诺,会重新赢得上司的信任。如果不满是由于误会,那么准确有效地澄清是必要的。化解不满的原则是尊重上司的权威。作为下属,如果完全不顾上司的权威,追求绝对的公平公正或者逞一时英雄,那等于是破坏了团队的运作。因此,不要公开顶撞上司,不要让上司下不来台,尽量争取平静理智的沟通。

### 找个合适的机会沟通

当你控制住了自己的情绪后,下一步就是要消除你与上司之间的隔阂。如果是你错了,你就要有认错的勇气,找出造成自己与上司分歧的症结,向上司解释,并对其做适当的恭维,表明自己在以后工作中会引以为鉴,希望继续得到上司的关心。假如是上司的原因,你可以用婉转的方式,把自己的想法与他沟通一下。你也可以以自己的一时冲动或是方式还欠周到等原因,无伤大雅地请求上司的谅解。这样,既可达到相互沟通的目的,又可以替上司提供一个体面的台阶下,有益于恢复你与上司之间的良好关系。

### 切忌耿耿于怀打扰了工作

即使你受到了极大的委屈,也不可把这些情绪带到工作中去。即使坚信你是对的,也不要等上司给你一个"说法"。如果你因负气将正常的工作打断了,影响了工作的进度,使其他同事对你产生不满,更高一层的上司也会对你形成坏印象,而你的直属上司更有理由说你是如何不对。你必须时刻告诫自己,克服自己的情绪化,无论如何都不要影响自己手头该做的工作。而有些年轻气盛的女孩以不做工作来威胁上司,这是极不明智的行为,只会使自己今后的处境更为不妙。

如果你用尽了一切办法,仍无法改变上司对你的态度,那么建议你"走为上"。与其生活在别人设计的泥淖中,倒不如去寻找自己的新天地。再说,现在跳槽已不是什么新鲜事,只要有真才实学,是金子到哪里都是会发光的。

### 初入职场,面对上司批评怎么办?

当面对批评时,可能我们都会拒绝接受别人不恰当的批评方式及言语,也会有马上自圆其说的念头或反唇相讥的冲动。在这种情况下你无论如何都要克制自己,因为反击的表现就是你不接受别人的批评。经常对别人的批评进行直接反驳,你的信誉度会直线下降,使别人认为你是固执己见的人。对待来自他人的批评,最重要的是断定他人的批评是否对你有价值,不一定所有的批评你都要接受。如果是出于成见的批评、无关紧要的批评、恶意的批评,你根本不用在意;如果

是善意的批评、有价值的批评，接受下来又何乐而不为呢？

别人对你的批评是善意的，有参考价值的，你就应该承认，并考虑接纳他的意见，而且要表示感谢。同时尽可能地按照他的意见进行改正，和他一起找到解决问题的方法，表明你改正错误的决心和勇气。

如果批评的事情确实不是因为你的原因造成的，你一定非常生气，你一定觉得受了很大的委屈。尽管你心里不平衡，但是你还是要耐心地听对方把话说完，假若你没有耐心把话听

完，中途打岔，申诉你的理由，你多半会被认为是狡辩，不虚心接受他人的意见，他对你的行为会非常生气，这样你只会使双方的冲突更加剧烈，从此你的形象大打折扣。往往人们都不能接受别人对自己不认可，对自己意见不重视，有时即使对方是对的。

你认为自己真的没有必要接受批评，可以表示出遗憾的态度，但这和认错不一样，因为这只是一种礼貌，却能显示出你的修养和体谅别人的风度。认真听完他的批评之后，再提出你的理由、解释你的行为、证明你的看法，最后的结果可能是不成功的，对方仍然不肯原谅你的行为，你也没必要为此太伤神，因为时间可以证明一切，努力可以改变一切。

也许你曾和很凶的上司共过事，他要求很多、标准很高，甚至到了不近情理的地步。有时候你心底会有很负面的念头："他为什么专爱找我麻烦？"其实，青面獠牙型的上司也可能是你升级加薪的贵人。贵

第六章　好命女人的职场智慧

人，不一定是好人。坏人，也不全都可以变成贵人。关键在于他到底是怎么个"坏"法，而你又是怎么个"想"法。

## 初入职场如何成为"白骨精"

"白骨精"再也不是《西游记》里的妖精，而是职场女强人的尊称。带着稚嫩的羞涩，一批批的大学生从象牙塔步入职场，白领、精英、骨干，这是无数女孩奋斗的梦想。要想成为职场"白骨精"，没有捷径可走，只能一步一个脚印地向目标前行。

为什么同样的年龄、同样的教育背景、家庭背景、社会背景、同样的工作能力，有些人就能平步青云成为职场新秀的"白骨精"（白领、骨干、精英），有些人却永不超生做一辈子的"小白骨"呢？当然运气肯定有一定的原因，但重要的因素是机会总是留给有准备的人。其实，从几个小的细节就能看出你是不是那块可以从"小白骨"变成"白骨精"的料儿！

 **遇到困境　卧薪尝胆**

初入职场的你肯定会遇到各种各样的难题，这时候的你需要有卧薪尝胆的韧劲。一个新的工作环境，一个新的职业生涯的开始，全新的人际关系，面对这些很多人一时间难以适应。好不容易找到了一份工作，上班一段时间后，你突然发现自己非常不适合这份工作，怎么

办？马上就辞职是很不明智的。首先，你要分析不适合的原因，并结合自己的职业规划，再重新衡量自己到底需不需要坚持。其次，要给自己找好退路，不要盲目辞职，根据自己的特长爱好确定下一个进攻的目标。最后，还要制订好充电计划。如果发现自身能力无法胜任现在的工作，你就要冷静下来想想自己是否欠缺某方面的能力，如果充电可以解决这个问题，那么不妨利用工作之余多学习一些知识，为放电而做好准备。有了这些卧薪尝胆的经历，相信职场新人在成为"白骨精"的路上会少走一些弯路。

### 遇到纷争 自我定位

刚刚离开校园步入职场的女孩，人际关系也要随之改变，并将大学那套处世理论进行更新换代。职场如战场，遇到纷争你会怎么办？如果你觉得自己并非是一个"摆平事儿"的高手，不妨采取"以不变应万变"这个下下策，就是保持一颗友善的心跟同事和睦相处，以积极健康的心态对待工作。无论遇到怎样的纷争，为自己定好位，不被外界的环境所干扰。改变不了别人就改变自己，这是一个对待纷争自我调整的好办法。其实每个公司都会存在一定的问题，关键看你如何去对待。如果能够以平常心看待，从容应对以寻求发展，那么经过这样的修炼，有朝一日，你终究会成为人人羡慕的"白骨精"。如果一味抱怨或者随便放弃工作机会，这样的心态会大大影响你的职业热情。

### 遇到诱惑 坚持原则

在职场中身处不同的职位，遇到的"诱惑"自然也就不同，但是要想在职场之路上走得更远，就要有面对诱惑的态度和行动。面对外部的不良诱惑，要坚守自己的原则，做好自己的本职工作。很多时候，职场中会存在着一些小陷阱，比如短期的利益、人际关系中的斗争等等，有时候看似是一件美事，往往都是一些考验，这时候需要你坚持自己的原则。做人要诚信、踏实、本分，简单做人就是解决事情的最好方法。当然，想要变成"白骨精"，并非一日之功，需要自身的努力、机遇、技巧等多方面因素的结合，自然也没有捷径可走。

如果你已经立志成为"白骨精",那么以下三十条箴言就要好好领会。

1. 所有的困苦都是有用意的,这是老天爷在磨炼你,为了把重任交给你。

2. 学会毛遂自荐,让别人看得到你,知道你的存在,知道你的能力。

3. 不只为了糊口,还要有抱负——你要想:在这个行业中,我要成为什么样的人。

4. 不要独享荣耀——独享荣耀,有天就会独吞苦果。

5. 用耐心把冷板凳坐热——冷板凳都坐过了,还有什么好怕的呢?

6. 不要有怀才不遇的想法——怀才不遇多半是自己造成的。

7. 当你遇到魔鬼型的主管——接受他的磨炼吧!

8. 用吃亏就是占便宜的心态做事做人——它可累积你的工作经验。

9. 以失败为师——与其在自己的失败中记取教训,不如从别人的失败中汲取教训。

10. 精诚所至,金石为开——你的真心诚意会在对方的感动中激起他的同情和不忍。

11. 用打听来看人——把获得的资讯汇集起来,就可以了解这个人。

12. 扩大交友的圈子——主动出击,勿等别人送上门来。

13. 小心突然升温的友情——不推不迎,冷眼以观,礼尚往来。

14. 把一天变成四十八小时——让每一分每一秒都发挥最高的效率。

15. 碰到困难,决不轻言退却——要把困难当成对自己的磨炼。

16. 勿吝于提携后辈——他们将会成为支持你的力量。

17. 把敬业变成习惯——短期来看是为了雇主,长期来看是为了自己。

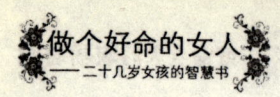

18．套用别人的成功模式——别人的成功模式是一种指引,让你有方向可循。

19．把自己当成老板或主管——在工作中见习,培养当老板或主管的能力。

20． 与其你死我活,不如你活我也活——这就是双赢和良性竞争。

21．不要为失败找借口,只为成功找方法。

22．改变环境,或是改变自己,与其改变环境,不如改变自己。

23．把反省自己当成每日的功课——因为你不是完美的,会说错话,也会做错事。

24．主角配角都能演,台上台下都自在——这是面对现实人生,能屈能伸的弹性。

25．事越烦,越要耐烦——天底下没有不烦的事。

26．自己发光,不要等别人来磨光,每个人都为自己,谁有空与有心好好去了解你呢!

27．话别说得太满——多容纳一些意外,以免下不了台。

28．善用见面三分情的中国人心理——你尊重对方,对方也会尊重你。

29．妥善处理和小人的关系——不依附小人,也不得罪小人。

30．以低姿态化解别人的忌妒——忌妒是一把烈火,会毁灭一个人。

职场如战场,每一分钟都有可能遇到陷阱,只有步步为营,才可能步步为赢。要想成为"白骨精"中的一员,就要过好每一关,注意工作中的每一个细节。

什么是经历?什么是经验?经历是经验吗?经历就是你做过相关的工作或遇到相关的事情。经验就是你通过相关的工作或相关的事

情学到有利于发挥自己的知识,从而提高自己各项的能力。所以经历不是经验,不管你有过多少次经历,如果你不知道如何学习或学习什么,那么你就永远没有经验,永远不可能提高自己的能力。

## 山寨版工作狂——"装忙族"

办公室偷懒是个技术活,得有周全的攻略才能保证万无一失。初入职场的人想偷懒却顾虑重重,然而一旦置身装忙一族不小心被发现,必将体无完肤。办公室的你是否也在装忙?

在经济景气的时候,员工们有时会在一起开玩笑,互相吹嘘如何在老板面前"积极表现"的经验。如果不是单纯出于欺骗老板的目的,装忙甚至可以称为一种艺术形式。但是在严峻的经济危机面前,裁员一波接着一波,对有些人来说装忙已经不再是一种娱乐,而成了一门职场必备的生存技能。

在外人看来,曼哈顿一家高档时装店的销售主管卡罗琳·贝莉是个大忙人。她对时装店内女装的展示认真得近乎挑剔:重新整理已经叠得很整齐的毛衣,把挂衣架的间距严格设定在一指宽。此外,她还要抽空打电话给上司,商量店里的业务。虽然看上去很忙碌,她却有"造假"的嫌疑——店里一个顾客也没有。老板和顾客都不希望看到你无所事事,所以你得忙起来,重新叠叠衣服,四处掸掸灰尘,拖拖地板——尽管店里已经一尘不染。总之,你得做点什么。虽然一天中只

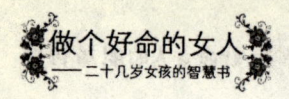

有六个顾客走进店里,但贝莉成功地让其中三个人掏了腰包。

"装忙"这门职场技能主要是针对已经在职场闯荡有些日子的"老油条",他们对工作已经陷入了空虚与无聊,每日都有大把的时间不知道如何打发,但又不能让自己闲下来。如果老板一旦发现你很闲,估计你离让贤也就不远了。所以,聪明的女孩一定要学会并且学好这门技能,用装忙的智慧来掩饰不忙时的尴尬。下面为大家普及一下装忙的八大招数。

1. 同时开着 QQ 与写字板,灵活切换窗口,假装写文案其实是聊天,或是设置"老板键",即使聊天聊得正在兴头上,老板冷不丁走过来,这个时候,只要一按"老板键",聊天窗口就消失得无影无踪,老板再怎么突袭也抓不到。

2. 借上厕所、倒开水等机会离开办公区域忙里偷闲。

3. 打开网页,把小说内容复制到 word 上,让其混杂在文件中,慢慢看。为了以防万一,最好把标题改为"项目组策划方案",以此鱼目混珠。并且,看小说时表情一定要镇定,不动声色。尤其看笑话,一定要保持眉头紧锁,即使再好笑也要忍着装出严肃的表情,这样才不会被别人发现。

4. 把开着帖子的浏览器缩小到一个小窗口,慢慢拖着看,随时可以根据老板的位置最小化或关闭。

5. 看其他网页时眉头紧锁,即使看到好笑处也保持严肃表情,貌似一直在认真工作。

6. 开着 excel 窗口玩 flash 小游戏。

7. 打电话忙业务,客户其实是闺密。"张总您好啊,我是小李,不知道今晚您是否有空啊……"听到这样的电话,旁人一定会以为是在约客户。

8. 玩带屏蔽功能的 SNS 游戏,老板来了立刻屏蔽。

"装忙族"不可不知的十大细节。

1. 公文袋与档案夹能堆多高就堆多高,让别人知道有多少事在等着你处理。

2. 在四周贴满便利贴，让人觉得你有上百件事需要备忘。
3. 桌上放个时钟，可当表演道具，例如你可以突然抬起头看着时钟惊讶地叹气，然后继续低头 MSN。

5. 放件小外套可让人觉得你熬夜加班时需要保暖（放睡袋效果更好）。
6. 偶尔可放些没吃完的食物在四周，让人觉得你连好好把饭吃完的时间都没有。
7. 桌上可放些维他命或是药丸，让人觉得你要靠这些才能维持你的生命。
8. 摊开的书，切记一定要与工作有关，至于要摊开在哪一页就没什么了，也可以适度地在上面画些红线。
9. 可以将红牛等提神饮料空瓶放在垃圾桶，但位置要让路过的人能看得到。
10. 放点简单的盥洗用具，可以增加熬夜加班的错觉。

### 装忙招数盘点

最有效：同时开着 QQ 与写字板，灵活切换窗口，假装写文案。

很有效：借上厕所和倒开水等机会离开办公区域忙里偷闲；打开网页，把小说内容贴在 Word 上慢慢看。

最失败：戴耳机偷看视频，大笑出声还浑然不知。

很失败：压低声聊私人电话、毫不遮掩看网帖。

以上就是装忙族的全部知识与智慧，相信对于每天不忙的你，发现这些可以让自己忙起来的手段会如获至宝。最后，我再提醒要加入装忙族的女孩们一句：装忙可以，不要装得自己真的不会忙了，那样老板就真的不会让你再忙了。

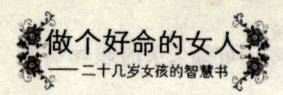

### 哲思小语

在现代职场中，老板与员工的斗智斗勇就像武林高手之间的过招，任凭你怎样巧妙地伪装成大忙人，都免不了被上司的火眼金睛拆穿。所谓"魔高一尺，道高一丈"，还是希望你能够修炼一门真忙的功夫为上上策。

## 职场减压新法

如果我们的压力来自办公室，那么减压的场所就在办公室之外。想要减压，最迅速的办法就是立即离开让你产生压力的地方，立刻断开让你产生压力的联系。当然，这只是权宜之计，当你重新走进办公室的时候那些压力可能还在，但是压力不会有刚才那么大了。可以肯定的是，这是最迅速的减压方法。

你经常会暴躁、焦虑、易怒吗？你睡眠质量较差、失眠，经常打哈欠、发困吗？你健康指数明显下滑，经常感到不舒服，容易感冒、头痛、胃痛、消化不良、溃疡、记忆力下降吗？你情绪容易沮丧、低落，波动大、情感倒错，对现状与未来常感到无能为力，有挫折、空虚的感受吗？如果你有以上症状，那么你已经患有"职场综合征"，此病不需要药疗，只要用以下方式减轻压力，释放出心中的压抑，就可以恢复原

本积极、乐观的你。

### 击剑、跆拳道

好斗,仿佛是男人的本性流露;好斗,仿佛是女人的野性体现。既想威风一下,又不能逾越社会秩序,刚刚落户都市中的击剑吧和跆拳道馆是给都市的野蛮女生们提供了一个施展拳脚的大好空间。通过训练,拥有像动作明星那样的体魄和身手,圆大家一个儿时的梦想,又可以像勇士一样尽情发泄自己的不满,也许这就是跆拳道馆和击剑吧吸引好斗男女的地方。

### 热舞

热舞的盛行可能与欧美文化在中国的流行有关,却也与年轻人喜好创新的个性和热辣的生活有关。那些可以让人尽情狂跳的舞厅的风格大多源于时髦的西方文化。推门而入,大块大块鲜艳的色彩便扑入眼帘,喧闹的音乐声震得人耳朵生疼,一种跳动的生命力豁然而出。在这里你尽可以像广告中说的"just-do-it",调动全身的细胞狂舞,让自己High起来。

### 网

许多都市男女迷上了"网",足不出户也可以一览天下事。尽管网上的病毒多得让人担心,网上购物不敢过分奢望,但网上聊天却总让人觉得网上世界很精彩,一来二去就可以结识不少网友,还可能带来一段令人痴迷的网恋。当然,无数的前车之鉴证明最好别与网上的他见面。

### 咖啡馆、茶楼

时尚女从不会放弃对高品位的追求,即使不懂,也要用旁人营造的品位来抬高自己的身价。在大街小巷遍布的咖啡馆和茶楼正好满足了这种人的虚荣。或三五好友,或一人独饮,悠闲地谈天说地,分外舒适。咖啡馆和茶楼或高档或独特的装修,既让人品尝到高品质的咖

啡与茶的文化,又满足了人的视觉、听觉与嗅觉,让人在现代而又有些古典的浪漫气息中度过悠长的时光。

### 泡吧

现代女孩时尚——泡吧。而那些既新奇有趣,又可让人亲自动手的特色吧就更让人特别心动。刚开始有陶吧、布吧,现在又有印染吧、亲自吹制玻璃制品的玻璃吧,把整个小型啤酒厂搬进酒吧,让顾客亲自参与并享受每一杯鲜酿啤酒的制造过程的啤酒吧……泡吧文化把每一个走入这里的客人带进了一个新奇的世界。

### 减压工具

随身携带一个发泄球,郁闷时捏一捏,压力过大时,奋力摔它。近年来,又流行起枕头大战、消气中心、发泄室等,在那里,你尽可以疯狂地解恨、解压。

### 大笑族

在专业笑疗师的指导下学习释放压力的"减压笑",不管是疯狂大笑,还是微微露齿,只要是发自内心的,都可以在笑声中释放压力。

### 哭泣族

压力太大时,找个没人的地方痛哭一场也未尝不可。据说,哭泣治疗法在外表光鲜的白领中很流行,周末时分,或者夜深人静之时放声大哭一场,将体内造成情绪压力的有害物质统统排除掉。

### 捏捏族

都市中突然冒出了一群这样的年轻人,他们在逛超市的时候捏碎货架上的方便面或饼干,或者给可乐"放气",捏扁它。他们自称这样做得到极大满足,有效释放了工作中的压力。可是以破坏社会公德来减压,一旦触犯法律还会受到惩罚,实在不是好的方式。

 **零食**

当食物与嘴唇接触时,一方面它能够通过皮肤神经将感觉信息传递到大脑中枢而产生一种慰藉,使人通过与外界物体的接触而消除内心的孤独;另一方面,当嘴部接触食物并做咀嚼和吞咽运动的时候,可以使人对紧张和焦虑的注意中心转移,在大脑的摄食中枢产生另外一个兴奋区,使紧张兴奋情绪得到抑制,最终使身心得以放松。

压力看不见、摸不着,但是它与每个人都如影随形。压力经过时间的消磨,很快就会转化为压抑。压力除了会给人们带来种种生理和心理的不适外,还会对社会造成不和谐的因素,比如压力就可能带来踢猫现象。什么叫踢猫现象?就是对你身边无辜者发泄你的情绪,所产生的一系列连锁反应称之为踢猫现象。这条规则起源于这样一个故事:公司经理有一件烦心的事,正在气头上,恰好办公室主任来请示工作,他就满面怒容地将办公室主任斥责了一番;办公室主任莫名其妙地被经理斥责了,正在火头上,秘书来向主任请示工作,主任就把秘书无缘无故地训了一顿;秘书心中愤愤不平,下班后,走到公司门口,发现她男朋友来接她,就劈头盖脸地将他骂了一顿。她男朋友高兴而来,扫兴而去,走到街上,怒火难捺,遇到一只猫,就一脚踢了过去。

你现在感觉到职场压力了吗?那么你一定要尽快调节好自己的情绪,否则就不知道哪只可爱的猫又要倒霉了。

**哲思小语**

面对压力,不逃避压力。因为每个人都会有压力,都可能会处于自己不能胜任的位置上;压力会陪伴我们走过整个人生旅程,我们必须勇敢地去面对。如果,你一遇到压力就逃避、就放弃,那么不但不利于压力的排除,同时还会养成胆小、懦弱、自卑的不良心理。

# 第七章
# 好命女人的理财智慧

女人要自立，不能有"靠"的念头，因为"靠山山倒，靠人人跑"，只有靠自己最好。一个女人只有经济上独立了，才能在生活中获得心理上的安宁。

一个人一生的收入来源于两个方面：一方面是工作收入，另一方面是理财收入。古人云："君子爱财，取之有道。"君子爱财，更应治之有道。这里说的"取"就是赚钱，"治"就是理财。一个人赚钱能力再强，如果不会理财，到了晚年还是会落得两手空空，为衣食发愁。

# 懂经济的女孩更幸福

你必须努力成为具备三"千万"的女人,女人千万要健康,千万要有钱,千万要美丽!这是女人一生最大的保障。

一个女人,要用一种什么样的方式生活才会令自己过得好?一个女人,要拥有些什么样的东西,才会令自己过得幸福?一个女人,想按自己的意愿去生活,需要些什么才能达成?这些问题没有标准答案,却有一个基础:经济。懂经济学的女人,才会更加接近财富。而拥有属于自己的财富,是一个女人自尊、自爱、快乐、幸福的基本前提。钱不是万能的,但是一个女人倘若有了可供自己随意支配的金钱,便可以按自己的意愿去生活,可以获得别人的尊重,可以创造快乐的生活环境。将经济学知识运用到自己的生活当中,做一个有钱并能守住自己的财富的女人。懂一些经济学,收获的不仅仅是财富,还有精神上的愉快与幸福,这样成为一个幸福的有钱女人,将不再遥远!

比起男人,女人相对脆弱。所以女人要学会保护自己,让自己生活得更好。保护自己的前提,就是要拥有属于自己的经济基础,这可要比依傍父母或丈夫生活强得多。有时,感情是不可靠的,物质却是实实在在的,有钱终究可以将生活带入更舒适的境界。

在现实中,我们也可以看到,有很多农村的老妇人,一生为儿女"鞠躬尽瘁",结果却落得老无所养,被儿子媳妇们当成皮球一般踢来

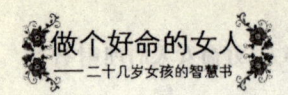

踢去,甚至以乞讨为生。这样的事情屡见不鲜,并非仅仅是养儿不孝或农村观念问题,而是她们大多不懂得经营好自己的人生,只讲付出,不为自己所想,也不留些"本钱"。而城市里的女人,更多地懂得如何利用金钱为自己铺垫更好的生活,她们往往具备了一种"现实"的对待金钱和财富的观念,用这种观念为自己打下了经济基础,晚年也往往能获得一种安顺的生活。

快乐的生活,是不可能建立在"难为无米之炊"的悲苦和哀愁之中的。经济可以让女人的生活质量快速地提升,让衣食住行得到保障,让女人变得美丽而充满魅力。

幸福往往与经济紧密相连。这个世界上,有什么是能让女人向往并追求一生的?我想莫过于幸福。可是,幸福从来不曾有过一个准确的概念或是定义,能让我们轻松地去握住。幸福只是一种感受,每个人都会有自己独特的"幸福观"。但我认为,幸福总还得掌握在自己的手里。它并非遥不可及,只要用心把握,便离我们很近。但是,不管什么样的"幸福观",通常都建立在良好的经济基础上。

文静20岁,出生在城市,她的表妹小秀是农村的。有一次文静和母亲下乡探亲,因为她与小秀年龄相仿,亲戚对她们开始议论了。都说小秀长得比文静漂亮,眼睛漂亮,脸蛋比文静好看。但人人又都说,小秀不如文静,文静皮肤白而光滑,穿着得体、漂亮,懂礼貌、和气、举止文雅、落落大方、有气质……相比之下,小秀的皮肤粗糙,廉价的服装让别人觉得她很土,而且因为没见过世面,她不会叫人,容易受惊,甚至不懂得给客人端一下茶,老躲起来,还是文静主动拉她,她才害羞地出来。那次

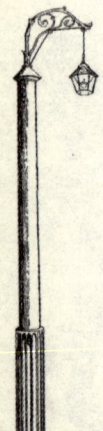

下乡,人人对文静的印象都非常好,小秀虽然五官长得比文静强,给人的感觉却很一般。

这就是经济决定的性格魅力。有着什么样的经济环境,很大程度上会导致什么样的性格。在校园里,这样的情况屡屡出现:家境富裕的女孩,漂亮、惹眼,充满了吸引力,往往有很多男生甚至成年男人被她们所迷醉,对她们产生爱慕心理。而面对这些女孩,一些家境贫困、长相平平的女孩总会觉得自卑,甚至忌妒那些女孩的家境和漂亮。是否所有家境贫寒的女孩,相貌都比不上家境富裕的女孩美丽?显然不是。美丽是不分出身的,但话说回来,美丽却与经济有着莫大的关联。经济的富裕程度,会带给家境良好的女孩更强的比较优势。

俗话说:"三分长相七分妆,烧鸡都能变凤凰。"一个女人,如果有着良好的经济条件,就有实力对自己进行包装,从而提升自己的外在形象,增加个人的魅力。因为有钱,她不会自卑,放得开,可以率性地生活、消费,她的个性、气质会因为自身的打扮和这些举止由内至外地散发出来,显得优雅而得体。通过这种优雅的外在,散发出自身的魅力来。

而一个经济困难的女人,哪怕在商场看到适合自己的衣服、漂亮的配饰,但是自己没有能力买,只能穿得寒碜一点,无疑就使自己的形象和魅力大打折扣了。看得出,没有足够的金钱按自己的意愿去包装自己,即使自身先天的条件并不差,性格也常会受贫穷的拖累,举止、言谈与行事都会受到局限。

有时,金钱已经是女人成功的标志和人生价值的重要衡量标准。女人与女人的不同,与经济的关联确实非常大。但是,也有一些女人看似非常有钱,却容易令人生厌。她们衣着夸张而招摇,举止粗鲁,自命清高,首饰佩戴得遍身都是,像暴发户一般显摆自己的钱财。这类女人有经济,却缺少内涵。不仅仅是性格问题,有些是因为暴富容易,内涵却没有跟上,有些则是因为没有正确的经济观念和对待钱财的观念。而那些真正的大家闺秀,从小因经济环境不错而受到良好的教育,却多半都有优雅而得体的言行。

真正有气质的淑女,从不炫耀她所拥有的一切,不会逢人便说她读过什么书,去过什么地方,有多少件衣裳,买过什么珠宝,因为她没有自卑感。

有句话说:"性格决定命运。"那么是什么决定性格呢?有很多因素,环境、家庭、教育等都能决定性格,但这些哪一样能离得了经济的支撑?

想做一个有魅力的女人,先要做一个有经济内涵的女人。懂经济、会挣钱、懂理财的女人,浑身上下常常充满了独特的味道。在她们的举手投足间,女人的性格魅力已经通过隐性的经济规则散发了出来。

## 谈钱不伤感情,谈感情最伤钱

有人曾经说,"男人挣的钱就是给女人花的"、"女人花男人的钱是天经地义",尽管这些话听起来会让女人们感叹:"做女人,挺好"。但是,更多的女人还是应该靠自己赚的钱来养活自己。

相对于男人而言,大多数女人对于金钱和财富都没有理性的思考,所以大部分女人都有一种困惑,一种盲从,一种任性。究竟有多少钱才算得上是有钱人?1万、10万、100万、1000万,还是更多?年轻的

# 第七章 好命女人的理财智慧

女孩子要时常告诫自己,凡事要和自己比,不要跟别人比。如果做不到,那就不比谁的钱多而比谁生活得更快乐;不比谁奢侈而比谁更善于理财;不比谁更能花钱而比谁更会生活。这听起来多少有些阿Q精神在作祟,但谁又敢说不可以有女阿Q呢?

经济独立的女人才有真正的自由与尊严。现今社会,能赚钱的女强人比比皆是,经常陷入财政困惑的也同样很多,看着周围的朋友们或贫或富的生活,为什么不试着给自己作一份理财计划,让经济摆脱入不敷出的困境呢?

熊梅是家庭出身非常好的女孩,身材好、气质好、容貌好,但这样也培养了她孤傲的性格。月收入4000元,每月孝敬给父母1000元,剩余3000元由自己支配。

每月3000元的生活费,对于没有任何负担的她而言应该是绰绰有余的,但是单位有免费午餐她不享用,单位有免费宿舍她不住,跟好朋友合租了个两居室,每月1500元租金,一人750元,剩余的钱主要是用来享口福,肯德基、必胜客是每周必去。每天晚上看电视时,总要抱着这种各样的小零食。她的长发每月必修一次并做保养,偶尔玩得晚了或者累了打个车……不到一个月3000元必是分毛不剩。工作快两年了,还是一到月底就回家蹭饭吃。一旦遇到什么特殊的事情,还需要动用孝敬父母的钱。"月光"公主的生活虽然随意,但并不潇洒,不知道这种得过且过的日子什么时候才能结束,梅子不去想也懒得想。

"用未来的钱享受美好的今天"是现今消费投资最时髦的概念,盲目进行过度消费必然使日常生活受到严重的干扰,信用卡消费方式日益被年轻人所接受,一卡在手,逛街无忧,最后刷得自己变成"负婆"。

"月光公主"也好,"百万负婆"也好,无论收入多少,女孩子花钱是没有规律可循的,特别是年轻的时候,不管收入高低都有解决不完的财务问题。既然这是一个通病,那就要趁年轻尽快改善。财富这种东西,你不理它,它就不理你。为了给将来打基础,不至于遇到意外事

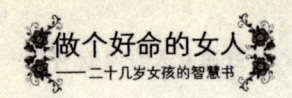

故时手足无措，适当地攒钱、了解一下理财知识或者进行一些低风险的投资，都是非常好的选择。

股票、保险、信托、基金、国债、人民币理财……这些名词都可以直接和你的腰包挂钩。无论是考虑到和商界人士的沟通，还是你自己的那个小金库，你都应该好好地学习一下这方面的知识，提高一下自己的财商。一定要找一个专业的投资顾问来进行咨询，或者找一本专业的书来学习，再结合自己的情况做出判断。一开始先进行稳妥的交易，在保证本金的前提下开始，等积累了经验之后再逐渐加大投资。如果你的钱只是压在箱底或者活期存在银行里，那么相比较而言，一年你就比别人少赚好几百块，那么五年呢？十年呢？古人说得好，"不以善小而不为"。积少成多才是理财的真谛。

财务问题是人生中的大事，哪怕是将来成了家，也要和亲爱的他做好充分的沟通，情感有时候会蒙蔽了理智，生活要是残酷起来，会让人痛不欲生。男人总是以自己强于女人为荣，以赚钱多于女人为荣。只要他还是个有自尊的男人，就不会要女人的钱来养活自己。如果女人花他的钱来买衣服、首饰、化妆品，他的心里会很自豪、很快乐。当女人撒娇地向他要钱买喜欢的东西时，他嘴里可能会唠叨什么"你这么能花钱，我都快养活不了你了"时，心底里却是说不出的满足和快乐。

不要傻到以为帮男人省钱他会感谢你，尤其是为了省钱把自己弄得不修边幅、一副黄脸相、两只鸡爪手，你看那个男人还会不会爱你？美貌不是万能的，但是懒得打扮却是万万不能的。任何一个男人都希望自己的另一半在人前光鲜无比，这是男人的脸面，男人的自尊，他愿意为此付出必要的代价，愿意为此进行长期投资。女人花男人的钱，一方面是为自己，另一方面也是为了男人。女人买高档化妆品、去健身、去美容，用钱来打造美丽的风景。女人去旅游、去练瑜伽、去听音乐会，以提高自己的修养和品位，赢得安全感。女人用钱滋养兴趣、丰盈内心，用钱换得欢乐、经验、阅历，用钱营造浪漫的爱情、稳定的家庭，用钱满足物质的欲望、精神的追求……她们不做金钱的奴隶，

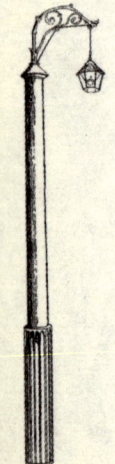

因为她们知道,"爱"才是花钱的最终目的。

任何年龄段的女人都应该学会自己理财,从4岁到60岁,随时都可以实施自己的理财计划。理财不必高收入,月薪2000元左右、年龄在20~25岁之间就应该开始理财。因为这个年龄段的女孩子刚刚踏入社会不久,积累的财产还很少,开支大多与进修、充实自我、旅游或是储备新家的经费有关。此时,正是开始理财的好时机。如果你下定决心要做个"财女",应该立即着手做10件事。

1. 立即开始进行储蓄,在最短的时间内保证拥有不低于两万元的定期储蓄。

2. 拟定切实可行的理财计划并坚持下去,不要让你的情绪破坏它。

3. 申请自己的结算账户和个人支票。

4. 不要在太多的异性朋友身上花费太多的时间和金钱,你还有很多重要的事情要做。

5. 尝试一次股票交易,或者购买一份保险,比如,纯保障型寿险或者重大疾病等健康险。

6. 了解你的所有支出,时刻掌握你的财务状况,避免出现个人入不敷出的情况。

7. 为未来三年的学习和进修储备资金。

8. 准备结婚的费用,当然不包括嫁妆。

9. 适当的时机考虑贷款买房和购车。

10. 杜绝出现一掷千金的情绪化消费。

女孩最宝贵的是青春,因为青春逝去后就不会再拥有。青春可追不可留,高级的化妆品、无忧无虑的生活多少会让青春放慢离去的脚步。金钱可以很肮脏,也可以让其变得有意义,这一切全靠你如何去拨动自己的"算盘"。年轻的女孩们大可不必对金钱嗤之以鼻,让自己做个快乐的小财迷有何不可?能够坦然地面对金钱的人,又怎么可能对身边的人不真诚?

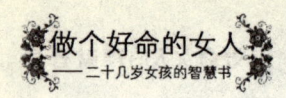

### 哲思小语

聪明的女孩要努力地创造好的生活,也要给自己足够的保障。经济是所有女人最大的安全感来源。如果很幸运找到一个让你有安全感的男人,那你可以看淡"财商"而专注于爱情,而如果没有遇到那个让你值得托付一生的人,那么就用"财商"去守望你的爱情吧!

## 低薪白领女孩如何做"财女"

作为刚入职场的新人来说,金钱是有限的,工资是菲薄的,精力是旺盛的,而漂亮的衣服、化妆品,各种自己喜欢的小玩意、零食,还有朋友的约会、时尚书籍等都是触手可及、活色生香的。

不少刚工作的年轻人都是月光族,很多人表示,反正现在收入不高,依靠每个月节余千八百的,也实现不了买车买房梦,还不如现在花钱时痛快点。而专业理财人士却认为,"虽然每个月的节余不多,如果选择合适的投资工具和投资方式,不仅培养起自己的理财习惯,而且也可以积累一笔不小的财富"。

现在有很多的大学生都是在毕业以后选择留在自己上学的城市,一来对城市有了感情,二来也希望能在大的城市有所发展。而现在很多大城市劳动力过剩,大学生想找到一个自己喜欢又有较高收入的

# 第七章 好命女人的理财智慧

职位已经变得非常难,很多刚毕业的朋友月收入都可能徘徊在 2000 元人民币左右。如果你也是这样的情况,让我们来核算一下,如何利用手中的有限资金来进行理财。

如果你是单身一人,月收入在 2000 元人民币,又没有其他的奖金、分红等收入,那年收入就固定在 25000 元左右。如何来支配这些钱呢?

生活费占收入 30%～40%。你要拿出每个月必须支付的生活费。如房租、水电、通信费、柴米油盐等,这部分约占收入的三分之一。它们是你生活中不可或缺的部分,能满足你最基本的物质需求,所以无论如何,请你先从收入中抽出这部分,不要动用。

储蓄占收入 10%～20%。每次存钱的时候,都会很有成就感,好像安全感又多了几分。但是到了月底的时候,往往就变成了泡沫经济:存进去的大部分又取出来了,而且是不动声色,好像细雨润物一样就不见了,散布于林林总总自己喜欢的衣饰、杂志或朋友聚会上。这个时候,你要大声对自己讲:"我要投资于自己的明天,我要保护好自己的财产。"起码,你的存储能保证你 3 个月的基本生活。要知道,现在世道艰难,很多公司动辄减薪裁员。如果你一点储蓄都没有,一旦工作发生了变动,你又没有失业保险,那么你将堕落成啃老族。而且这 3 个月的收入还可以起到定心丸的作用,工作如果你干得不顺心,你可以无需再忍,对上司大吼一声"姑奶奶我不干了",然后潇洒离去。想想是多么大快人心的事啊!所以,无论如何,请为自己留条退路。

活动资金占收入 30%～40%,剩下的钱约占收入的三分之一。这

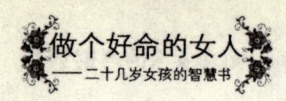

些钱,你可以根据自己当时的生活目标,侧重地花在不同的地方。譬如五一、十一可以安排出去旅游;服装打折时可以购进自己心仪已久的名牌货;还有平时必不可少的制造浪漫、朋友聚会的开销。

除去吃、穿、住、行以及其他的消费外,再怎么节省,估计你现在的状况,一年也只有10000元的积蓄,想来这些都是刚毕业的绝大部分女孩所面临的实际情况。如何让钱生钱是大家想得最多的事情,然而,毕竟收入有限,很多想法都不容易实现,建议处于这个阶段的女孩,最重要的是开源,节流只是我们生活工作的一部分,就像大厦的基石一样。而最重要的是怎样开源有道,为了达到一个新目标,你必须不断进步以求发展,培养自己的实力以求进步,这才是真正的生财之道。

既然有了些钱,也不能让它闲置,建议把1万元分为5份,分成5个2000元,分别做出适当的投资安排。这样,自身不会出现"经济危机",并可以获得最大的收益。

1. 用2000元买国债,这是回报率较高而又很保险的一种投资。

2. 用2000元买保险。以往人们的保险意识很淡薄,实际上购买保险也是一种较好的投资方式,而且保险金不在利息税征收之列。尤其是各寿险公司都推出了两全型险种,增加了有关"权益转换"的条款,即一旦银行利率上升,客户可在保险公司出售的险种中进行转换,并获得保险公司给予的一定的价格折扣、免予核保等优惠政策。

3. 用2000元买股票。这是一种风险最大的投资,当然风险与收益是并存的,只要选择得当,会带来理想的投资回报。不过,参与这类投资,要求有相应的行业知识和较强的风险意识。

4. 用2000元存定期存款,这是一种几乎没有风险的投资方式,也是未来对家庭生活的一种保障。

5. 用2000元存活期存款,这是为了应急之用。如家里临时急需用钱,有一定数量的活期储蓄存款可解燃眉之急,而且存取又很方便。

以上的理财方式可以看作是一个模板,无论你现在是每月赚3000元还是5000元都可以套用这个模板。这种方法是许多人经过多年尝试后总结出的一套成功的理财经验。当然,每个人可以根据不同情况而灵活使用。

你也许没有令人艳羡的容貌,但你可以学会变得优雅;你也许每月赚一点可怜的"散碎银两",但你可以学会理财。理财难,难在你没钱可理;理财容易,容易在有模板可以套用。

##  财务独立才是真正的独立

女孩终究要财务独立,才能求得人格和精神上的独立,你曾经夸下海口的"独立宣言"才算在真正意义上有所落实。

80后的女孩可以说都是在蜜罐里长大的,都是父母的掌上明珠。而且,每一个父母都为自己的女儿做好了打算,在他们看来,将来能为自己宝贝女儿找个好女婿,然后女儿带着嫁妆嫁过去,从此便算有了好的归宿。可以说,这是每一个父母的美好心愿。你是不是也这样想呢?带着嫁妆嫁过去,然后做一个专职的好太太,为老公做好"后勤保障",这便是你的好归宿了吗?

二十几岁的女孩可能正忙于工作或找工作,或是忙于恋爱或想恋爱,再过几年也许你还要忙于结婚,甚至是孩子的问题,这些问题都

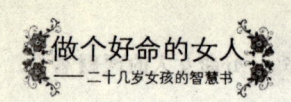

是你迟早要面对的。二十几岁的你对这一切是否已经有了一个很好的打算呢？也许你现在已经有了一份不错的工作，朝九晚五，习惯了每月定期的薪水，每月的工资日可能也是你的疯狂购物日，这一切已经成了你的习惯，可是你有没有想过开始自己的事业呢？可能每个女孩都有过这样的念头，但多数都是一闪而过，并没有后续。生活中很多女人的命运都是这样的，先是工作，然后有了男友，然后步入婚姻，添子添女，然后工作辞了，一心一意地"相夫教子"，在家里做起全职太太、全职妈妈。

这是你希望得到的命运吗？全心全意做个家庭主妇，当然无可厚非，但是女人要有自己的事业才能更好命。这里所说的事业并不是指你非得要做出惊天动地、一鸣惊人的事，非得像李嘉诚、比尔·盖茨一样才算拥有自己的事业，拥有自己的生意。生意因人而异，也有大小好坏之分，拥有一份自己喜欢做的工作，不仅仅把它当成一项谋生的途径，更应把它当成自己的事业。拥有这样一份事业，并且持之以恒地坚持下去，做好，能够成为自己生活的来源固然好，即使不能够全部解决生活的问题，在心态上至少你已经是实现了独立。聪明的女孩都应该拥有自己的一份事业，当你拥有属于自己的事业和生意时，你的生活将会更加充实，你的好命才能更加真实。

女孩一定要把握好自己的方向，未来的路永远掌握在自己的手里。自己的人生是加、是减、是乘、还是除，都只在你一念之间。社会是发展的，人生是充满变数的，选择一项事业，无异于栽下一棵树苗，也许现在看不到什么光景，但是数年之后，你当初栽下的树苗就会为你擎起一片天空。岁月匆匆，人生短暂，身为女孩，面对激烈的社会竞争、紧张的生活节奏、复杂的人际关系，如何活得出彩、过得好命呢？有句话说得好：哪怕每月只有300元，女人也要有自己的事业！

李敏大学毕业后在一家公司做文员。后来经人介绍认识了周强，两个人相识，并且很快步入婚姻。两年后，就在他们的孩子快要出生的时候，李强公司效益下滑，接连几个月发不出工资，公司开始裁员。周强和几个朋友合计了一下，索性辞了职，下海做生意，李敏则请了

## 第七章 好命女人的理财智慧

产假,回娘家生孩子。周强的生意刚开始时举步维艰,他把自己家原来的住房当成公司库房,晚上回家就打地铺。周强不让李敏回家,因为回家连个住的地方都没有。一晃就过去了两年,在这段两地分居的日子里,却是他们夫妻感情最好的时候,周强一有空就跑去看老婆和孩子,生活虽苦,但两个人都觉得很幸福。

经过三年的奋斗,生意渐渐步入正轨,周强从朋友那里撤了股,开始自己单干。通过朋友介绍,公司接了几笔大的订单,生意开始好了起来。此后,周强买了房和车,把李敏和孩子接回了家。李敏虽然找到了单位上班,但周强对她那一个月七八百元的薪水看不上眼,坚持要李敏在家当全职太太,李敏拗不过他,就索性辞了工作。李敏每天接送孩子,操持家务,生活单调乏味,虽然不再为吃穿发愁,但心里越来越有空落落的感觉。开始时还不错,一忙完公司的事,周强就回家陪老婆,但逐渐觉得跟老婆没什么可聊的,回家越来越晚,后来索性借口工作忙很少回家了。李敏看出了丈夫对自己的冷漠,想改变一下这种状况,却始终没有好的办法。这样的生活持续了将近七年。直到有一天,李敏到酒店去看一个朋友,无意中看到丈夫和一个年轻的女人很亲密地从电梯出来,凭着女人特有的直觉,她知道丈夫有外遇了。李敏的猜测从丈夫那里得到了证实。在经历了痛苦的思想斗争后,李敏主动向丈夫提出了离婚。

经朋友介绍,李敏拿着自己多年存下来的一点儿私房钱,正式做了一个著名内衣品牌的区域代理人。多年未接触社会的李敏,缺乏人际交往能力,对生意方面的应酬更是一窍不通。她起早贪黑,每天奔波于各家商场,费尽口舌推销产品,最初一个月下来,竟连一件内衣也没卖出去。但是,生活的压力促使她不能停下来。功夫不负有心人,经过几个月的努力,李敏的第一批货终于有一家大商场愿意接受了。时间一天天过去,李敏将全部精力都投入了工作,在初步熟悉服装行业后,李敏开始不满足于仅仅代理一个品牌的产品了,她特地去外地厂家进行了考察,又代理了两个服装品牌。自始至终,李敏都没找周强要一分钱。

这时候周强对李敏刮目相看了,因为这么多年他一直认为,李敏

是个离不开家、离不开他，更是不能独立生活的女人。可是，现在这一切都变了。周强开始想尽办法让李敏回心转意，时常打电话问寒问暖，晚上经常约李敏一起吃饭。经过这一年的动荡生活，两人再次回到了久违的家里，李敏此刻才明白了一个道理，那就是：一个女人只有经济上独立了，才有人格上的独立，才有真正的魅力。

聪明的女孩只有实现自己经济上的独立，才能称得上独立。如果你嫁了一个有钱人，你可能觉得自己一个女孩家去辛辛苦苦一个月挣那千八百的，不是自找罪受吗？其实不然，对一个女孩来说，拥有一份独立的工作是必不可少的。因为有了工作，有事可做，你的生活就会充实。每天闷在家里，就像一枝花插进装满水的瓶子里，即使保得一时新鲜，天长日久，定然失去生机，人未老心先老，生活和心理都会陷入一个空荡的废墟。

男人养家，女人持家，这是人们的传统观念。事实上现在仍然有很多人认为女孩是毫无独立性可言的。即使现在二十几岁，刚刚毕业，也许会参加工作，可是若干年后结婚生育，从此就会被家庭束缚住，成为全职的家庭太太了。其实，女性无论在哪里或在什么情况下，相夫或育子并不妨碍其独立性，女性也是一个独立的个体，当然有独立性可言。现在很多女孩纷纷抛出"独立宣言"，要求独立，于是传统的观念被这些顽强的女孩一遍又一遍地更新了。但是女性要独立，最根本的就是经济独立，如果经济实现不了独立，那么独立便是一纸空文，根本无从谈起。

女孩的幸福在自己手上。女孩要有自己的生活，要独立。也许你还没有经济独立，但思想先要独立，要按照自己设定的计划而去生活，在目标一步步实现过程中，把你的感情吸纳进来。你不能为感情牺牲自己的快乐，更不能因为感情牺牲你自己。

第七章 好命女人的理财智慧

## 只为赚钱找方法,不为没钱找理由

没有人是天生的理财高手,能力来自学习和实践经验的积累,最重要的就是,别陷入自以为是的误区。

在一个经济社会,"你不理财,财不理你"已经成为共识。但在具体操作层面,许多人却缺乏正确的观念,反而极易陷入种种误区。可悲的是,这些误区还未引起人们的重视,甚至成为某种"盛行"的做法被一些人一再重复。因此,认识日常投资理财的误区,对照自己的理财习惯加以检讨,本着"有则改之,无则加勉"的原则适时调整,无疑对我们正确地投资理财有着积极的现实意义。

**年轻女孩要避免走入的三个理财误区**

▶过于保守的投资理财习惯让人不思进取,减弱投资力度

在某些人看来,所谓"投资理财"等同于"储蓄存款",即拼命存钱,存更多的钱,这甚至成为一种癖好,身上有一角闲钱都恨不得立刻放到银行去。尤其是在获得和积累了一定财富后,思想更趋保守,成了守财奴,干脆只满足存折上数字的不断上升,根本不进行任何投资。仔细观察,生活中这样的人还为数不少,而且年龄越大,这种情况越普遍。存钱确实可以得到利息收入,也算得上一种"投资"。但是别忘了,目前利率水平较低,再加上利息税,实际上所获不多,算上通货膨胀,存钱基本上无利可图,甚至导致资金"缩水"。因而此种"投资"

最不划算,当我们拥有了一定财富后,绝不应该死守着它,而应该充分利用其再生能力,去获取更丰厚的收益。

### ▶盲目轻信他人造成财务上的重大损失

投资理财者一项最基本素质就是独立思考能力,有自己的主张,绝对不可以盲目轻信任何人。这里所说的"轻信"就是不假思索地相信,无论别人的意见正确与否,都不经过思考一味相信。事实上,在做某项投资决策之前,集思广益,广泛地听取和采纳各方面的意见非常重要,但他人的意见只能作为参考,绝不能左右自己的判断。可惜,生活中盲目轻信他人而导致投资失败,蒙受巨大损失的例子比比皆是。比如,亲戚朋友见你有些财产,就纷纷以各种理由来借。有的人根本没有任何投资创业的计划,纯属借钱消费。但你可能碍于情面,听信了他的甜言蜜语和慷慨许诺,毫不犹豫地借出,结果却血本无归;又如,有人听信亲朋好友从事可以轻易获得巨利的虚假宣传,丧失理智地携巨款参与其中,最后才发现上了"传销"的当。如果理性冷静地分析,根本不可能相信。

### ▶过于谨小慎微,优柔寡断,轻易丧失投资理财的良机

这是一个商机瞬息万变,稍纵即逝的商业时代,很多投资理财的最佳机会往往是"机不可失,失不再来"。但是犹豫不决、优柔寡断的人常常会因为徘徊、观望而浪费了最佳机会。因此,如果你有志于投资,就必须克服优柔寡断的毛病,只要看准了时机,就应该当机立断。这一点,在诸如炒股、炒汇、炒金等具有较大风险的投资领域尤为关键。这就需要我们锻炼自己果敢的意识,有意识地在投资过程中从一点一滴做起,时刻提醒自己克服类似毛病;同时要对自己的投资理财能力有充分的信心,加强专业知识的学习和技能的掌握,从成功经验中积累自信,将有助于克服畏惧、胆小、莫衷一是的痼疾。

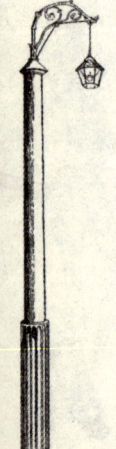

## 年轻女孩不理财的四大误区

### ▶有人养

女人的平均寿命比男人多6至7年。越来越多的女人要么离婚，要么单身，而那些处于婚姻中的女人一般也都比她们的丈夫长寿。大多数女人的工资比男人低，得到的退休金和社会保险又很有限。这些理由都使得善于理财对女人来说变得更为重要。那么女孩不禁要疑惑了，我还年轻，要过两年才结婚呢，现在就考虑那么长远是不是有点太早了。其实，不早了。人无远虑，必有近忧，现在你就要开始培养理财的习惯了，先下手为强，后下手遭殃！

### ▶不了解

理财比你想象得要简单。了解你钱财的第一步就是要知道那些你最重要的文件都放在了哪里，你可以静下心来想几个问题，回答以下几个问题：

我有什么资产（包括房子、汽车、保险及投资）？

我有什么债务（包括抵押、汽车贷款或其他欠款）？

我什么项目上做了投资？为什么？投资的目的？

一旦我发生什么需要用钱的事情，我应该怎么办？

别小看这些问题！这些是揭开理财神秘面纱的最基本的步骤，没有你想象得复杂，了解了这些信息，你就会发现理财变得容易多了。

### ▶没有钱

这个理由使女人永远都停滞不前。但事实是并不是所有的百万富翁在刚开始时就是富有的。他们只是比我们这些人花得少而已……仔细计算一下你的花销，通常都能挤出一部分钱来进行投资。如果你真的觉得有经济困难，读一读《富爸爸，穷爸爸》，里面会有一些方法来教你怎样减少消费，腾出钱来进行投资。一旦开始，你就会发现好多事情都在你的控制之下。耐心等待，你还会发现有很多种方法可以使你增加财产。

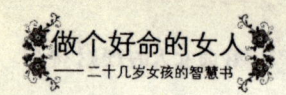

▶没时间

很多人都认同这一点。既然我们有时间花钱,又怎么可能没有时间打理自己的钱呢?我们有这么多的责任、任务,我们愿意为钱放弃自己的一些私人时间。

如果你拒绝掌握你的经济命运,那么别人(政府、税务局、银行、保险公司、券商、房地产商甚至亲友和丈夫)会替你掌管,你要知道上面罗列的单位可是你人生理财一盘棋的对手,你不下棋,他们可不会闲着,总惦记着从你的口袋里多赚几个,然后想办法让你把它们掏出来。

告诉你一个好消息,那就是掌管钱财并不像你想象的那么费时,而且到处都可以找到帮手。个人理财网站及财务报都会教给你一些储蓄、花费和投资的基本知识。多参加独立的理财讨论会(大多数都是免费的)或听一些理财讲座。让你的朋友介绍其信任的投资专家或理财专家给你。只要你对钱有渴望,就总会有时间。

哲思小语

辛苦地工作赚钱、积极地投资创富,匆忙之间更需要思考的是,努力追寻财富的根本动力到底在哪里?究竟是为了存折上的数字,还是为了现实中看得见、摸得着的每一分、每一秒。只有彻底认清对财富和生活的观点,才能够让我们走出为理财而理财的误区,须知:理财是手段,而不是目的。

## 不做"月光仙子"的"月光族"

"月光族"指将每月赚的钱都用光、花光的人,所谓:洗光、吃光、身体健康。"月光族"一般都是年轻一代,他

# 第七章 好命女人的理财智慧

们与父辈勤俭节约的消费观念不同,喜欢追逐新潮,只要吃得开心,穿得漂亮。想买就买,根本不在乎钱财。

在繁华的大都市中,有很多年轻的女孩都是"月光族"。她们喜欢超脱、随性的生活,不仅"有一流的赚钱能力,更有超一流的挥霍手段",以"今天花掉明天的钱"为时尚。然而当大多数"月光族"真正开始持家时,这种生活方式便受到了极大的考验:一旦遇到不时之需,便会囊中羞涩。那么,怎样才能不彻底改变这种生活方式,又不让自己的钱包轻易地瘪下去呢?这就需要动一点儿脑筋,通过一些简单的理财方式,让自己轻松地变成"财女族"。

很多人都会有这样的经历,每个月的工资总是花不到月底,一些预计要购置的东西还没有买,钱袋就已经空空如也了。很显然,有一部分钱被你无意中花掉了。正是这些你当时并未放在心上累积起来的开销成为令你震惊的支出,使你在月底陷入了窘境。如果你想留住这些从指缝间溜掉的钱,不妨改变一下花钱的习惯。不经意的小钱儿花销也会让你变成穷光蛋。作为忙忙碌碌的上班一族,每天睡到"自然醒"已是个奢侈的事。然而,假如一个月有5次这样的事发生,就算每次打的20元钱,一个月也有100元钱无声无息地溜走了。何况,很多人每个月花的小钱儿可绝不是打出租车上班这一件。每当打出租车上班时,早餐也自然泡了汤,总不能饿着肚子工作吧!而且,平时就是起得早,在家也没有胃口吃早餐,不如买一些到公司去吃。一个月下来,最经济的早餐费也要花掉几十元。当然,在许多人眼中,这都不过是些"小钱儿",花点儿小钱无所谓。然而正是这种心理,使很多"大钱"像沙子一样,逐年累月地从他们的手指缝间溜掉了。人总有点儿惰性,偶尔不愿意做晚饭也是情有可原。如果每个月有5次因为懒得做饭而在餐馆与朋友共进晚餐,按一次80元算,就要有400元……如果没有其他意外的话,这些小钱加起来就有近七八百元。想一想,你的薪水中有几个七八百元呢!当算了这些细账后,你还会认为这些是小钱吗?

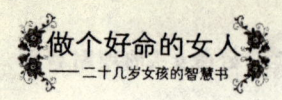

虽然,"月光族"有种种的坏处,但看问题要全面,其中不乏一些好处。加入"月光族"的你可以得到如下好处。

1. 时尚,青春的代表。
2. 促进市场经济繁荣,加速货币流通。
3. 不去银行存款,从而大大制止了利率的下调,如果没有人把钱存入银行之后,利息绝对会大幅度增加,而不是一降再降。
4. 拥有 N 个债主,人际关系广泛。
5. 勇于尝试新的东西,如新款服装、新款美食、新款化妆品。并且掌握流行趋势的发展,成为走在时代前端的摩登人物。
6. 在一个固定的周期内(一般为 30 天)能够体会到腰缠万贯、身无分文、负债累累的生活,增强心理素质以及对待不同生活灵活应变的方式。
7. 对于每个月的固定一天(发薪水的日子),有急切的期盼,生活有明确的目标,生命有十足的动力。
8. 巩固家庭安定团结,撒手归去时,因无一分一文的遗产,制止一切家庭财产纠纷的产生。

对于那些初涉世的年轻女孩而言,在理财上容易犯的通病莫过于大手大脚的消费习惯。往往是她们的薪水一发就见底,月月花精光。这样看似"潇洒"的花钱做派既不利于个人事业的发展,也不利于今后家庭生活的美满。因此,养成良好的花钱习惯是十分必要的。

 **"月光族"薪水节流六大绝招**

▶计划经济

对每月的薪水应该好好计划,哪些地方需要支出,哪些地方需要节省,每月做到把工资的 1/3 或 1/4 固定纳入个人储蓄计划,最好办理零存整取。储额虽占工资的小部分,但从长远来算,一年下来就有不小的一笔资金。另外每月可给自己做一份"个人财务明细表",对于大额支出,超支的部分看看是否合理,如不合理,在下月的支出中可作调整。

### ▶尝试投资

在消费的同时,也要形成良好的投资意识,因为投资才是增值的最佳途径。不妨根据个人的特点和具体情况做出相应的投资计划,如股票、基金、收藏等。这样的资金"分流"可以帮助你克制大手大脚的消费习惯。当然要提醒的是,不妨在开始经验不足时进行小额投资,以降低投资风险。

### ▶择友而交

你的朋友在很大程度上影响着你的消费。多交些平时不乱花钱、有良好消费习惯的朋友,远离那些以胡乱消费为时尚、以追逐名牌为面子的朋友。不顾自己的实际消费能力而盲目攀比只会导致"财政赤字",应根据自己的收入和实际需要进行合理消费。

同朋友交往时,不要为面子在朋友中一味树立"大方"的形象,如在请客吃饭、娱乐活动中争着买单,这样往往会使自己陷入窘迫之中。最好的方式还是大家轮流坐庄,或者实行"AA"制。

### ▶提高购物艺术

购物时,要学会讨价还价,货比三家,做到尽量以最低的价格买到所需物品。这并非"小气",而是一种成熟的消费经验。商家换季打折时是不错的购物良机,但要注意一点,应选购些大方、易搭配的服装,千万别造成虚置。买打折产品的时候,一定要留意是否可以退换或保修。很多打折产品是不能退换和保修的,一旦出问题就需要自己维修。细算下来,买打折品并不比正品省多少钱,而且还要操心费力。所以,买打折产品要三思,如果不能退换和保修就宁可不买。最重要的是发薪一周内最好不要逛街。

### ▶减少美容次数

如果你还未满25岁,或是皮肤比较薄,那么你只需根据自己的皮肤特点,每半个月或是20天做一次皮肤护理即可,完全没有必要每周都往美容院跑。这样不仅更利于保养皮肤,每个月还可以省下几百元。

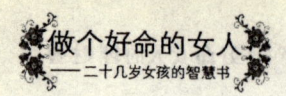

▶不跨行取款

在大城市中,各类银行如商铺一样遍地开花,存取款都非常方便。但是,按国家规定,同城跨"行"取款,每笔都要收取一定的手续费。所以,即使要多走几步路,也不要跨"行"取款。因为,虽然每笔的手续费并不多,但一年下来,你会发现少走几步换来的代价并不低。

"月光"们是商家最喜欢的消费者,因为他们有强烈的消费欲望,会花钱,更重要的是他们有很强的赚钱能力,有钱可花。"富,富不过30天;穷,穷不了一个月",是对他们最生动的写照。时尚追求是"月光族"长生的直接原因。

## 嫁个有钱人,不如让自己有钱

现在这个社会,有些女孩总以为嫁个有钱人好,至少少奋斗二十年!外表看上去,嫁个有钱人是享福,可她私下真实的生活又有多少人了解呢?看过很多的例子,那些表面很幸福的女人,可以随意地刷卡,可以挥霍地大批采购名牌衣衫,让人羡慕甚至忌妒,可回到那空空的屋子里,她的心才是最凉的……要知道,真正的幸福并不是能用钱买得到的!

在很多人眼里,有钱的男人就是成功的男人。女人能嫁给有钱人

说来也是件美事,最起码意味着你少奋斗二十年,意味着你不用再忙于大多数女人不得已而为之的事,如当职业女性还得兼顾家庭主妇,既要忙于工作还得为一日三餐劳累,忙得没工夫打理自己,还要被人称为"黄脸婆"。若是嫁给有钱人,一切问题迎刃而解。做个有钱、有闲的光鲜贵夫人,确实是令人向往的事。

嫁个有钱人会让你变得很有钱,但真的就会幸福吗?我想未必。嫁个有钱人不如自己有钱。万一哪天你情非得已与有钱男人擦出爱情火花,自己还是需要有一些实力,有一些优势,这样才能相辅相成,地位平等。新世纪女子主义:不嫁有钱人!灰姑娘嫁给王子后的生活里找不到光鲜的音符,只剩下惆怅的灰暗,落架的凤凰不如鸡。当女孩纷纷骄傲得如同公主般宣扬自己的"婚嫁主义",女孩的最终归宿并不是嫁个有钱的男人,而是成为一个让有钱男人膜拜的小资女人。什么没房没车的男人不嫁,这话说得太俗了。有太多的事实证明,钱只是一个概念,所谓的非嫁有钱人不可的言论,在这个社会里已经越来越浮浅。婚姻跟爱情不一样,爱情是被激情染成五彩缤纷的色调的,而婚姻则只是躲在各色调背后洗尽铅华。爱情可以如童话般美丽或忧伤,而婚姻则就是美丽或忧伤背后的单色系。在这个物质与金钱占主导地位的社会里,人们太过于向往欲望,忽略了太多触手可及的感动。

一个女人,需要的是温存与温暖,而不是冷冰冰的"银子"。幸福的指数就真的与男人拥有金钱的多少成正比吗?幸福是什么?幸福就是一个人从内心深处泛起的呵护;幸福就是他拥有的不多,却愿意把最好的给你;幸福就是他能够逗你笑,用他的肢体用他的言语,而不是用大把的钞票;幸福就是当你站在街头冷的微微颤抖的时候,他把自己的衣服披在你肩上;幸福只是一个眼神、一句话语,能够让心里微微感到淡淡的甜蜜,可以不强烈,但一定不能华丽。

嫁个有钱人不如让自己成为有钱人,你知道如何成为有钱人吗?

1. 做你真正感兴趣的事——你会花很多时间在上面,因此你一定要感兴趣才行,如果不是这样的话,你不愿意把时间花在上面,就

得不到成功。

2. 自己当老板。为别人打工,你绝不会变成富婆,虽然当今社会也存在"打工皇后",但既然是皇后,其数量就可想而知。小生意一样可以赚大钱,小老板一样可以富甲一方。

3. 找出一种需要,然后满足它。社会越变越复杂,人们所需要的产品和服务越来越多,最先发现这些需求而且满足他们的人,是改进现有产品和服务的人,也是最先成为富人的人。

4. 如果你受过专业教育,或者有特殊才能,充分利用它。如果你有能力管理一个公司,却要去当小职员,那就太笨了。

5. 在你着手任何事情之前,仔细地对周围的情形研究一番。政府机关和公共图书馆,可以提供不少资料,先做研究,可以节省你不少时间和金钱。

6. 不要一直都想着发大财,不如你想想如何发展你的事业,你应该常常问自己的是:"我如何发展我的事业?"

7. 可能的话,进行一种家庭事业,这种方法可以减少费用,增进士气,利润的分配很简单,利润能够得到充分的利用,整个事业控制也较容易。

8. 尽可能减少你的费用,但不能牺牲你的品质,否则的话,你等于是在慢性自杀,赚钱的机会不会大。

9. 跟同行朋友维持友谊——他们可能对你很有帮助。

10. 把尽量多的时间花在事业上。一天12小时、一星期6天是最低要求,一天14小时很平常,一星期工作7天最好了。你必须先牺牲家庭和社会上的娱乐,直到你事业站稳为止。也只有到那时候,你才

能把责任分给别人。

11. 不要不敢说实话。拐弯抹角，只会浪费时间，心里想什么就说什么，而且要尽可能地直截了当地、明确地说出来。

12. 不要因为失败就裹足不前。失败是难免的，也是有价值的，从失败中，你会学到正确的方法论。

13. 不要在不可行的观念上打转。一发现某种方法行不通，立即把它放弃。世界上有无数的方法，把时间浪费在那些不可行的方法上是无可弥补的损失。

14. 不要冒你承担不起的风险。如果你损失20万元，若损失得起的话，就可以继续下去，但如果你赔不起10万元，而一旦失败的话，你就完蛋了。

15. 一再投资，不要让你的利润空闲着，你的利润要继续投资下去，最好投资别的事业或你控制的事业上，那样才能钱滚钱，替你增加财富。

16. 好好维持你的健康和你的平静心灵——否则的话，拥有再多的钱也没有什么意思。

嫁个有钱的男人说明不了你是一个成功的女人，如果让那些有钱的男人从心底对你产生一种敬佩，让他们在对你有兴趣却又要尊重你，成功的女人不仅仅只是体现在"婚嫁"上，而是体现在自尊与自强上。做金钱的奴隶，看不清真实的自己，都是失败的女人。

## 哲思小语

聪明的女人会知道金钱全是假的，能力才是真的。女人一定要保持本色，可以对钱动心，但不能对钱动身，可以为了钱而去认识男人，但不能为了钱而去嫁给一个男人。

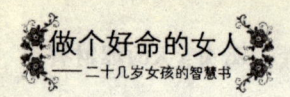

##  投资自己"不差钱"

大部分二十几岁的女孩都认为,从月薪中拿一些出来作为定期存款,在降价打折扣时买衣服,这些就是理财的全部内容。如果你在学习理财的时候用点心思,就不会有如此肤浅的认知。投资自己才是回报率最高的投资方式。

女孩投资重点是投资自己,很多成家之后的女人用最经济的方法打理家庭开支,同时又努力钻研基金、债券,想方设法让闲置资金升值保值,心里很是赞叹,觉得这样的女人才是称职的妻子,丈夫的贤内助。

但是同时,我也看到有些尚未步入婚姻的女孩子也在以压缩开支,从事多个兼职的手法企图达到理财的目的,以至于把生活搞得疲惫不堪。我想要大喊一声:觉悟吧,女孩子们。

自然界中,雌性动物总是选择最强的雄性,这是生物界进化的结果,人当然也不例外。对女孩子而言,最重要的事情,就是寻找一位成功的男士并嫁给他。这一点不需要掩饰。如果你是一个尚未婚配的女孩子,那么你要做的就是向着这个目的努力。怎么努力呢?投资。不要以为投资只是商人要做的事情,对女孩子来说,投资也是相当重要的。女孩子的投资不仅仅是想方设法积累资金,而且要做的就是投资于自身。

 **化妆品**

女孩子保养自己的身体是非常重要的,尤其是对面部的保养,男人要的是花容月貌而不是因为过度劳累而皮肤粗糙的黄脸婆。每天细细的装扮是必需的,万万不可相信男人"你在我眼中最美"的鬼话。如果天天忙着几个工作而没有时间打理自己,那么在你失去光泽的皮肤的同时,也失去了男人的青睐。所以,在选购化妆品上根据自身的经济实力,为了自身的皮肤还是选择一些品牌价格合理的化妆品为上,在这一点上金钱的付出是万万不可以节省的。

**衣服**

穿出自己的品位来。如果你长得像个村姑情有可原,但如果非要穿得像一个村姑的样子,那谁也帮不了你。品牌可以一定地反映出品位,千万不要图便宜,买一堆垃圾货,随便的将自己包装。如果买品牌服装心疼你赚来的辛苦钱,不妨多留意一下打折的品牌衣服,只要折扣够让你心动,那就快快行动。在衣服换季的时候,正是买衣服的好时机,可以用低价买来过季的漂亮衣服雪藏到第二年再拿出来晒一晒,但这漫长的等待你可以一定要坚持住哦。

**教育**

对教育的投资主要指两个方面:一是对于提高职业技能的投资,二是提高对自身修养的投资。提高职业技能的投资,不错的公司会为你提供免费的进修机会,但如果公司吝啬对你未来的投资,那么你就要用自己省吃俭用的钱来为自己的未来进行进修学习,这项投资的回报率是相当可观的。对于自身修养,在古代是琴棋书画,现在就是文学修养,艺术鉴赏等等。也许这对你的工作没有太大帮助,但是可以提升气质。另一方面,说不定未来的白马王子就在你上学的路上或者听课的教室里等着你。

 **健身**

去办一张健身卡,不要嫌贵,好的身材比什么都重要。女人的外貌

是父母给的,后天改变较困难,但是好的身材只要努力就能达到。一般的面容如果身材绝佳,那得分也是很高的。既然你面容普通,但如果拥有健康的体魄,魔鬼的身材,相信围着你转的男人也是趋之若鹜的。

## 社交

社交的确需要花费很多钱,但是社交可以扩大生活圈子,让更多优秀的男人了解你,结识更多优秀的女孩。在你身边经常会遇到这样的情况,优秀的女孩子往往嫁给了很一般的男人,而一些有才华又有能力的男人娶了一般的女孩,就是因为两种人之间的生活没有交集。有一句话说,能力越大,责任也越大。越是成功的男人越是忙碌,不是可以随便就去你的生活圈子的。只有扩大社交圈,才有可能和他们的生活发生关系,继而创造交往的机会。

下面让我们看一个会投资女孩的理财实例。

王小姐今年26岁,未婚。2007年末开始工作,每月领1100元左右的工资,单位买三险。她从2008年开始买了一份1184元/年的人寿保险,在基金上投资了1万元,还有每月400元的基金定投,在股票投资了3000元。

目前她在自考本科班学习,每年的学费是3500元左右,读三年时间。王小姐在亲戚家吃住,每月零用钱在300元左右,父母有医疗保险,一年给父母3000元左右的费用。目前王小姐有流动资金8000元。

从王小姐的年度现金流量可以看出,虽然王小姐的月节余800元,但由于月收入不高,因此在资金上还是较紧张,年节余近两千元,尚不能满足每月坚持400元的基金定投投资。因此王小姐将理财的重点放在了如何广开财源,增加副业,提高工作收入上。

从王小姐现有的金融资产看,总额约为23800元(含7个月的基金定投),其中流动资金8000元,占比例为33.6%;基金投资(含定投)12800元,占比例为53.8%;股票3000元,占比例为12.6%。依据王小姐的年龄段,可以适当提高流动资金的收益率。每年1184元的人寿保险，可以初步应付赡养父母的保障资金。

王小姐还打算继续坚持求学深造，虽然每年要花费3500元的学费，但学好了知识和本领，才是今后提高工作收入的资本，这笔钱不能省。其次，除了求学外，王小姐目前的理财目标，在保障自己身体健康和父母养老资金的前提上，让资产快速地累积增值。在保障上除了每年的1184元寿险外，还可以每年购买一份60~100元的小额意外险来增加给父母的保障，等将来收入增加后可以再增加自己的医疗保险。

在资产累积方面，因为王小姐有一定的投资经验，已经做了一些较积极的投资，但考虑到父母奉养负担，以及收入有限，采取稳健兼积极型的投资。

理财投资是人人都可以学会，而且人人都应该学会的课程。以为投资只是金融从业人员和有理财头脑的人才能学习的科目，是一种错误的认知。如果你以前就开始关心投资的话，那么现在你手里就应该有一笔存款，而且可能正在研究下一年让它增值为几倍的方法。趁着不需要多少生活费的时候，开始做理财投资，那么你就将比那些婚后才开始理财投资的人，领先至少十年。

哲思小语

女孩对自己好一点，怎么样才叫好一点呢？就是午餐不吃"泡面"而改吃"肯德基"？真正聪明的女孩不会将资本投给自己的胃，而是投给自己的未来，让自己更上一层楼。

# 附 录

## 女人一生必读的60本书

**男人与女人**

1. 张爱玲《倾城之恋》——于"一刹那"体会的"一点真心"。
2. 马格利特·杜拉斯《情人》——绝望无助的性爱,无言悲怆的别离,爱到尽头令人痴迷。
3. 考林·麦卡洛《荆棘鸟》——最美好的东西只能用最深痛的来换取。
4. 村上春树《挪威的森林》——迷失的人迷失了,相逢的人会再相逢。
5. 渡边淳一《失乐园》《男人这东西》——倾听男人,倾听自己。
6. 钱钟书《围城》——婚姻的镜子。
7. 劳伦斯《虹》《爱恋中的女人》《查太莱夫人的情人》——肉体之爱两性关系的深思熟虑。
8. 泰戈尔《飞鸟集》《草叶集》——白昼和黑夜、海洋和溪流、背叛和自由。
9. 塞林格《麦田里的守望者》——生活流,意识流。
10. 米兰·昆德拉《生命中不能承受之轻》《缓慢》——轻与重,灵与肉,政治与性爱。
11. 西蒙娜·德·波伏娃《第二性》——俯瞰整个女性世界的百科全书。
12. 雪儿·海蒂《性学报告》(男人篇、女人篇、情爱篇)——性爱内

幕的真实坦言、贴心共鸣的性爱经验以及惊人的调查结果。

**爱情**

13. 德克旭贝里《小王子》——如果有人爱上了在这亿万颗星星中独一无二的一株花。

14. 小仲马《茶花女》——让我来成全你的幸福。

15. 司汤达《红与黑》——灵魂的哲学与博览。

16. 简·奥斯丁《傲慢与偏见》——越过爱情,看见春暖花开。

17. 茨威格《一个陌生女人的来信》——我爱你,与你无关。

18. 威廉·莎士比亚《罗密欧与朱丽叶》——这简直像戏一样,这就是戏。

19. 西格尔《爱情故事》——爱永远不用说对不起。

20. 岩井俊二《情书》——山在那里,你在心碎。

21. 加西亚·马尔克斯《霍乱时期的爱情》——充满暗礁的爱情海洋。

22. 阿兰·德波顿《爱情笔记》——爱情终究成了一种传说。

23. 夏洛蒂·勃朗特《简·爱》——温柔而坚强。

24. 堀川波《我就喜欢你这样的地方》——粉色的小爱情。

25. 北村《玛卓的爱情》——有天堂,但是没有道路。

26. 川端康成《雪国》——美与爱是独立的。

**生命**

27. 列夫·托尔斯泰《安娜·卡列尼娜》——难得糊涂的爱情与婚姻。

28. 玛格丽特·米切尔《飘》——战火中成长的美丽与坚强。

29. 欧文·亚隆《当尼采哭泣》——用哲学和心理学来思考。

30. 雨果《悲惨世界》——奥德修斯式的传奇。

31. 霍桑《红字》——二十四小时,路过爱,走过禁区。

32. 曹禺《雷雨》——最残酷的爱和最不忍的恨。

33. 帕斯捷尔纳克《日瓦戈医生》——值得一生的等待。

34. 海伦·凯勒《假如给我三天光明》——珍惜生活。

35. 西奥多·德莱塞《珍妮姑娘》——只有渺小的人物,没有渺小

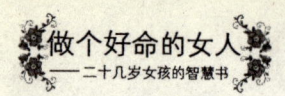

的爱情。

36. 路遥《平凡的世界》——黄叶铺满地,我们已不再年轻。
37. 萧红《呼兰河传》——生的寂寞,死的单调。
38. 雨果《巴黎圣母院》——爱上你的心。
39. 福楼拜《包法利夫人》——爱和欲的煎熬。
40. 安妮·弗兰克《安妮日记》——我的成长与战争共呼吸。
41. 张爱玲《金锁记》——沉重的枷锁。
42. 列夫·托尔斯泰《复活》——在自我面前忏悔吧!
43. 莫泊桑《项链》——片刻的浮华盛世。
44. 瓦西里耶夫《这里的黎明静悄悄》——战争,让女人走开?
45. 艾米莉·勃朗特《呼啸山庄》——包容的爱还是彻底的恨?

**诗意**

46. 翟永明《女人》——从"黑暗意识"中苏醒。
47. 舒婷《舒婷诗集》——融解心灵的秘密。
48. 叶芝《当你老了》——爱,我们曾共同拥有。
49. 惠特曼《草叶集》——你最美的气质与自由。

**生活**

50. 杨绛《我们仨》——此幸福,彼幸福。
51. 张小娴《面包树上的女人》——成长是每一日的爱与过程。
52. 老舍《离婚》——用另一个角度来看婚姻。
53. 王安忆《长恨歌》——一个女人的城市传奇。
54. 徐坤《厨房》——爱情与食物的辩证关系。
55. 高尔基《母亲》——勇敢地被启蒙。
56. 契诃夫《跳来跳去的女人》——跳来跳去,你跳得出生活吗?
57. 苏雪林《棘心》——解读母子关系。
58. 亦舒《喜宝》——有时候,有钱就是有安全感。
59. 陈染《私人生活》——一切只是私人生活。
60. 王小波《黄金时代》——让它变成事实吧!